KB016717

언던 사이언스

Undone Science

언던 사이언스
: 무엇이 왜 과학의 무대에서 배제되는가

초판 1쇄 펴냄 2015년 8월 24일

지은이 현재환
펴낸이 고영은 박미숙

편집이사 인영아 | 기획편집 박경수
뜨인돌기획팀 박경수 김현정 김영은 이준희
뜨인돌어린이기획팀 이경화 여은영 | 디자인실 김세라 오경화
마케팅팀 오상욱 | 경영지원팀 김용만 엄경자

펴낸곳 뜨인돌출판(주) | 출판등록 1994.10.11(제300-2014-157호)
주소 110-062 서울시 종로구 경희궁1길 10-1
홈페이지 www.ddstone.com | 블로그 blog.naver.com/ddstone1994
노빈손 www.nobinson.com | 페이스북 www.facebook.com/ddstone1994
대표전화 02-337-5252 | 팩스 02-337-5868

ISBN 978-89-5807-586-8 03400
CIP 제어번호 : CIP2015022183

현재환 지음

뜨인돌

차례

프롤로그

'용의자 X에게 이용당한 과학'을 넘어서

"왜곡된 광우병 진실, 반드시 바로잡아야"

"방사선 노출에 안전한 수준이란 없다!"

"친기업 과학 이용해 삼성반도체 백혈병 정당화하려 해"

"비과학적 왜곡보도 신종플루 공포 키워"

"변종독감 대유행은 왜곡된 정보"

"지구온난화를 은폐하는 검은 세력"

새천년 이래 한국에서는 과학기술과 관련된 문제들이 뜨거운 주제로 부상했다. 광우병과 촛불 시위, 신종플루 사태, 삼성반도체 백혈병 논쟁, 후쿠시마 사태 이후 저선량 전리방사선의 안전성과 원전 유지를 둘러싼 갑론을박을 포함한 여타 현재진형형의 문제들은 모두 21세기 한국 사회의 풍경을 이루는 모습들이다.

이처럼 수많은 과학기술 관련 논쟁들에 둘러싸인 우리 앞에는 하나의 근원적인 질문이 가로놓여 있다. 이 문제들을 어떠한 시각에서 이해하고 대처할 것인가?

가장 단순한 방법은 과학 논쟁 과정에서 정부, 기업, 언론 등 권력기관이나 반대편의 시민운동가들, 또는 제3의 배후세력이 정치적·상업적인 이유로 왜곡된 정보를 제공해서 진실을 오도한다고 보는 것이다. 광우병에 대한 올바른 과학적 사실은 존재하지만 언론이 이를 제대로 전달하지 않고 '광우병 괴담'을 실어 날라 시민들 사이에 근거 없는 공포를 조장했다거나, 방사선의 위험성에 대한 명백한 과학적 증거에도 불구하고 정부와 원자력산업 간의 '원전 커넥션'이 이를 은폐한다는 주장 등이 그에 해당한다.

실제로 그런 관점에서 과학 논쟁을 바라보는 저작물들이 지난 몇십 년간 과학기술과 관련된 대형 사건이 터질 때마다 반복해서 등장했다. 『과학의 양심선언』이나 『과학 전쟁: 정치는 과학을 어떻게 유린하는가』 그리고 『정치적으로 왜곡된 과학 엿보기』부터 『청부과학』에 이르기까지, 이 계통의 책들은 꾸준히 출판되어 서점 과학 코너의 한켠을 차지하고 있다. 최근에도 후쿠시마 원전 사고와 관련하여 권력을 쥔 지배층이(혹은 불순한 '사회 전복 세력'이) 어떻게 과학적 진실을 체계적으로 왜곡, 은폐했는지(혹은 과장하고 부풀렸는지) 폭로하는 서적들이 잇달아 출간되고 있는 중이다.

이 책들이 드러내고자 하는 것은 한마디로 '용의자 X에게 이용당한 과학'이라고 할 수 있다. 히가시노 게이고의 소설을 원작으로 한 영화 〈용의자 X의 헌신〉에서 주인공인 수학 교사 이시가미는 제 짝사랑의 대상인 야스코와 그녀의 딸이 전 남편을 죽였다는 사실을 은폐하기 위해 탁월한 수학 능력을 바탕으로 냉철하고 논리적인 계획을 세워 모녀의 혐의를 지우려 한다. 그러나 그의 동창이자 호적수인 천재 물리학자 유가와가 이를 밝혀내고, 결국 이시가미는 자수한다.

과학기술 논쟁이라는 무대 위에서 위 책들의 저자들은 바로 천재 물리학자 유가와 같은 이들이다. 이들은 기업, 정부, 언론 등 권력기관이나 정치적 음모를 꾸미는 배후세력 같은 용의자 X들이 진실을 은폐하거나 오도한다고 보고, 그들의 음모를 폭로함으로써 과학이라는 진리를 왜곡과 정치적 술수로부터 해방시키려 노력한다.

용의자 X를 찾으려는 노력은 이쪽이든 저쪽이든 반대편의 과학 왜곡을 비판한다는 공통점을 보인다. 『정치적으로 왜곡된 과학 엿보기』의 저자 톰 베델Tom Bethell은 좌파들이 지구온난화, 저선량 전리방사선, 원자력 등과 관련한 논쟁에서 과학을 정치적으로 왜곡시켰다고 주장한다. 반면 『과학 전쟁: 정치는 과학을 어떻게 유린하는가』의 크리스 무니Chris Mooney는 동일한 문제들을 우파가 정치적으로 왜곡하고 있다고 비난한다. 이 양극 사이 어딘가에서 『청부과학』의 데이비드 마이클스David Michaels는 산업계가 과학을 악용하고 있다며 이러한 악용이야말로 절대적 사실이라고 주장하고 있다.

용의자 X가 누구인지, 그(혹은 그들)가 어떻게 과학을 왜곡했는지 입증하는 일은 매우 중요하다. 실제로 제약회사로부터 돈을 받고 해당 회사의 제품에 대해 긍정적인 연구 결과를 보고하는 연구자들, 친기업적 환경영향평가를 전문으로 하는 '기업형' 연구소들, 정부나 기업과 결탁하여 의도적으로 회의주의적 입장을 표명함으로써 과학적 합의를 분산시키는 과학자들이 분명히 존재한다. 이러한 사실을 사회적으로 알리고 비판하는 것은 실로 가치 있는 일이다. 이를테면 『청부과학』은 이른바 '삼성백혈병' 논쟁 과정에서 삼성의 '고용 과학'을 문제 삼는 데 기여했다.

그러나 '용의자 X에게 이용당한 과학'이라는 시각(이하 '용의자 X론')은 중대한 문제점 또한 지니고 있다. '과학을 오용하는 일부 사람들이 문제일 뿐 과학 자체는 순수하고 가치중립적이며 확실한 답을 제공해 주는 진리의 집합체'라는 믿음을 부추긴다는 점이 바로 그것이다. 용의자 X를 집요하게 추적하는 우리의 유가와들은 용의자 X에게 이용당하지 않은 과학, 즉 중립적이며 정치적으로 올바른 사람들이 수행하는 과학이 환경오염 문제나 광우병 위험에 대해 명쾌한 답을 내려줄 것이라는 믿음을 독자들에게 심어 준다.

$
TRUTH

그 관점대로 과학의 순수성과 가치중립성 그리고 확실성에 대한 믿음을 견지할 경우 우리가 과학기술 논쟁들을 해석할 수 있는 여지는 매우 좁아지고, 모든 문제들이 단순한 진실게임으로 귀결된다. 예를 들어 저선량 전리방사선의 위험성에 관한 문제를 '용의자 X론'의 관점으로 바라볼 경우, 논쟁에 참여하고 있는 두 진영 가운데 어느 한쪽은 거짓말을 하고 있다는 결론이 나온다. 이런 상황에서 우리가 해야 할(혹은 유일하게 할 수 있는) 일은 그들 중 정치적 혹은 상업적 이해관계 때문에 거짓말을 하는 게 어느 쪽인지 찾아내는 일로 축소되어 버리고 만다.

하지만 소설과 달리 현실에서는 누가 용의자 X인지 쉽게 알 수 없다. 광우병에 대해 과연 누가 거짓말을 했는가? 정부인가, 아니면 '괴담'을 퍼트리는 세력인가? 해방 이후 오랜 정치적 격동을 거치며 누차 체험했듯이, 이런 경우엔 양측 모두 상대방이 거짓이라고 주장하며 평행선을 달리다가 논점이 흐지부지되기 십상이다. 수십 년이 지나 용의자 X가 밝혀져도 그 진실 여부는 반대편에 의해 또다시 의문에 붙여진다.

이렇게 끝없는 진실게임을 벌이다 막다른 길목에 다다르는 상황을 피하고 보다 의미 있는 시각을 정립하려면 우리를 이러한 방향으로 이끌어 가는 믿음들, 다시 말해 과학의 순수성과 중립성에 대한 고정관념부터 다시 검토해야 한다.

과학에 대한 고정관념들

'용의자 X론'에 담긴 고정관념 혹은 믿음을 가장 잘 보여 주는 사례는 논리학과 수학을 과학의 튼튼한 토대로 만들려 했던 버트란드 러셀Bertrand Russel의 주장일 것이다. 만화 『로지코믹스Logicomics』에서 젊은 러셀은 과학에 대해 이렇게 말한다.

"우리 감각 바깥에는 항구적인 물리세계가 있다. 과학은 이 물리세계의 진리를 점진적으로 하나씩 밝혀 나가는 작업이기에 참된 과학은 하나일 수밖에 없다."*

러셀의 발언이 내포하고 있는 믿음은 세 가지다. 하나, 우리 감각 바깥에 이미 확고부동한 물리세계가 존재하며 우리의 정신은 어떠한 편견의 간섭도 없이 이를 탐구해 나갈 수 있다. 둘, 보편성을 띤 과학의 방법론은 정치활동이나 문화활동 같은 인간의 다른 활동들과는 완전히 독립적이며 고유성을 지닌다. 셋, 과학은 순수한 진리를 향해 끊임없이 진보한다.

이 세 믿음은 '이상理想에 가장 근접한 과학'인 물리학을 중심으로 한 이른바 경성과학hard science과 나머지 연성과학soft science 사이의 위계를 들여온다. 이 네 개의 믿음이 결합되면 이제 인류의 근대과학사는 다음과 같이 요약된다.

물리학은 지난 수 세기 동안 끊임없이 진리를 향해 힘차게 나아갔으며, 비록 그 과정에서 원자폭탄 개발과 같이 물리학의 성과를 오용하는 경우는 있었지만 물리학 연구 내용 그 자체에 대해서는 나치즘이건 공산주의건 그 어떤 이데올로기도 침해할 수 없었다.

물리학이 격변의 근대사 속에서 정치나 문화 등에 휘둘리지 않고 과학적 진보를 성취할 수 있었던 까닭은 그것이 수학과 논리라는 보편적인 방법에 입각하여 우리 감각세계 바깥에 있는 물리세계의 실재들을 발견해 나갔기 때문이다. 그러므로 생물학이나 사회학 같은 여타 연성과학들도 물리학을 모델로 삼아 그 성취를 따르려고 노력해야 한다.

* 『로지코믹스』(아포스톨로스 독시아디스 외, 전대호 역, 랜덤하우스코리아, 2011) 중에서

과학사학자 잔 골린스키Jan Golinski에 따르면 과학에 대한 이 같은 믿음은 오랜 연원을 갖고 있다. 산소의 발견자로 유명한 영국 화학자 조지프 프리스틀리Joseph Priestley는 과학의 역사를 끊임없는 진보의 역사로 이해한 18세기 사람들 중 하나였다. 경험주의자였던 그는 지식이 외재적 실재들에 대한 감각 경험에서 유래한 순수한 관념의 연합으로 구성된다고 보았다. 지식은 빈 서판과 같은 인간의 정신에 새겨지며, 인간의 정신은 '자연의 거울'이기에 설령 전쟁이나 정치적 탄압 같은 외부적 영향에 의해 저해되더라도 개별 인간들이 그들의 지성을 통해 얻은 물리세계에 대한 지식은 축적되고, 그 결과 과학은 진보한다.

1830년대에 '과학자scientist'란 단어를 처음으로 사용한 윌리엄 휴얼William Whewell 역시 같은 논지의 주장을 폈다. 그는 과학의 발전이란 인간 정신이 물리세계의 실재를 완전히 재현하도록 나아가는 진보의 과정이라고 보았다. 그리고 이러한 일이 가능한 것은 반복된 관찰과 실험들을 일반화하여 확고한 법칙을 세울 수 있게 하는 보편적인 과학적 방법이 있기 때문이라고 믿었다.

사회학의 창시자 오귀스트 콩트August Comte가 제시한 과학의 위계는 정확히 이와 같은 시각에서 만들어졌다. 그는 가장 복잡한 인간 사회를 다루는 '과학의 여왕'으로 사회학을 제시하는 한편, 복잡성의 정도가 덜하고 가장 정확하며 일반화 수준이 제일 높은 학문으로 수학을 두고 그 뒤를 천문학, 물리학, 화학, 생물학, 사회학이 잇는다는 과학의 위계를 제시했다. 수학은 모든 학문 가운데 가장 순수한 학문이었으며, 위계가 낮은 학문들은 모두 제 위 단계 학문의 응용학문이었다.

논리학과 수학을 과학의 주춧돌로 삼으려던 러셀의 후예들이자 오랫동안 과학철학계를 지배했던 논리실증주의자logical positivist들 또한 이러한 역사적 흐름에 속해 있었다. 순수과학과 응용과학이라는 이 같은 구별은 1960년대 들어 물리학, 화학 같은 경성과학과 생물학, 의학(혹은 사람에 따

사회학이야 말로 과학의 여왕이지!
사회학은 단지 응용 생물학야!
어헛, 가장 순수한 학문은 수학이라니깐!
생물학? 그건 응용화학 아냐? 화학짱!
화학은 응용 물리학이야! 물리학이야말로 진정한 과학!
사회학
생물학
화학
물리학
수학
응용
순수

라 심리학이나 사회학을 포함하는) 같은 연성과학으로 재분류되었다.

1970년대 이후 가해진 수많은 비판에도 불구하고 과학에 대한 이러한 믿음은 여전히 남아 있다. 광우병 논쟁 당시 미국산 소고기 수입 반대와 찬성 양측은 모두 상대방이 과학을 왜곡하고 있다고 비난했다. 과학적 식견을 자부하는 사람들은 생물학과 의학이 물리학 같은 경성과학이 아니기 때문에 이처럼 쉽게 정치적 왜곡을 겪는다고 주장했다.

이처럼 '용의자 X에게 이용당한 과학'이라는 관점은 과학의 순수성과 가치중립성과 진보성, 그리고 경성과학과 연성과학의 위계에 대한 믿음을 공유하고 있다.

천상의 과학 끌어내리기

1970년대 이래 과학기술학Science & Technology Studies이라는 학제간 분야의 우산 아래 뭉친 과학기술사와 의학사, 과학기술사회학과 의료사회학, 과학기술인류학과 의료인류학, 페미니즘 과학학 등 다양한 분과의 연구자들은 과거의 과학에 대한 역사적 검토와 현대과학에 대한 인류학적 탐구를 통해 과학의 순수성, 가치중립성, 진보성에 대한 믿음이 현실과 부합하지 않음을 보여 주었다. 이들은 "과학은 순수하다"거나 "가치중립적이다" 혹은 "그래도 과학은 진보한다" 같은 선언들 대신, 실제 과학 활동이 어떻게 이루어지는지를 경험적으로 연구해야만 과학이 무엇인지 제대로 이해할 수 있다고 믿었다.

과학기술학의 이 같은 작업은 현장에서 이루어지는 과학 활동에 대한 연구를 통해 이상ideal image 속에 있는 과학을 현실로 끌고 내려와 인간 활동의 일부로 보는 것이며, 그것이 바로 과학임을 보여 주는 일이다. 현대 실험과학의 체계와 '과학적 사실'이 만들어지는 과정에 대한 역사적 연구를 살펴봄으로써 이를 확인해 보자.

과학기술학자 스티븐 셰이핀Steven Shapin과 사이먼 섀퍼Simon Shaffer는 17세기 영국에서 벌어졌던 실험철학자 로버트 보일Robert Boyle과 정치철학자 홉스Thomas Hobbes의 진공에 대한 논쟁을 검토하면서, 실험을 통해 만들어진 사실을 사람들이 어떻게 참이라고 믿게 되었는지 탐구한다. 두 저자가 강조하는 논점은 다음과 같다.

첫째, 우리가 시공간을 초월한 보편적인 과학 연구 방법이라고 믿는 현대 실험과학의 체계는 17세기 영국 런던이라는 지엽적 장소에서 탄생한 것이고, 당시 실험철학자들은 이 실험과학이 보편적인 과학적 방법임을 강조하기 위해 당대의 '신사 문화gentry culture'라는 문화 규범에 부합하는 여러 정치적, 수사적 전략을 펼쳤다.

둘째, 보일과 홉스의 진공 논쟁에서 실험적 사실을 주장하는 보일이 승리할 수 있었던 것은 종교적·정치적 '불확실성'에 대한 두려움이 팽배했던 왕정복고기라는 사회적 상황 속에서, 실험을 통해 '확실한' 답을 제공할 수 있다는 실험철학이 매력적으로 보인 것과 연관이 있다.

지금 우리의 눈에는, 과학에 대해서는 전혀 모를 것 같은 정치철학자 홉스가 '보일의 법칙'을 발견한 과학자 보일을 비판한다는 건 말도 안 되는 것처럼 보인다. 그러나 당대의 맥락에서 살펴볼 경우 보일의 진공 실험에 대한 홉스의 비판은 대단히 '합리적'이었다.

홉스는 보일이 만든 진공펌프의 불완전성을 지적했으며, 그 어떤 상황에도 약간의 공기가 들어가 있을 수밖에 없음을 논증했다. 이와 함께, 보일의 진공 실험과 왕립학회에서 행한 예증은 그 모임의 회원들만을 대상으로 한 사적인 것일 뿐 결코 공식적 증명이 될 수 없다고 비판했다. 홉스가 보기에 보일의 진공 실험은 사적인 것을 완전히 배제하고 공적인 것만을 다뤄야 하는 자연철학의 대상에 포함될 수 없었다.

셰이핀과 섀퍼에 따르면, 보일은 당대의 합리적 지식 체계였던 자연철학 구도 내에서만큼은 홉스의 비판으로부터 자신의 주장을 구제할 수 없었다. 결국 보일은 순수한 논증보다는 다양한 사회적·정치적·수사적 전략을 구사하여 제 실험의 '신뢰성credibility'을 높이는 사회적 요소들을 확보하고, 이를 통해 실험적 사실을 믿을 만한 지식으로 받아들이는 '실험적 삶의 방식ways of experimental life'을 영국 전역에 확산시킨 후에야 비로소 홉스를 이길 수 있었다.

보일은 자신의 실험적 사실을 신뢰성 있는 지식으로 만들기 위해 다양한 전략들을 사용했다. 우선 그는 진공 펌프와 같은 기구를 사용하여 인간의 주관을 분리시키고 실험의 객관성을 확보하려 시도했다. 이와 함께 당대의 공신력 있는 인물들이 실험을 직접 목격하게 만듦으로써 해당 지식의 타당성을 인준받으려 했다. 또한 실험 과정에 대한 상세한 보고서를 작성하고 그것을 여러 사람들에게 회람시킴으로써 간접 목격의 효과를 낳아 해당 지식의 신뢰성을 확보하려 했다.

셰이핀은 신뢰할 만한 청중과 실험 방법, 실험과 시연 장소의 출입 조건에 대한 정의, 실험 보고서의 서술 내용 및 방식 등이 왕정복고기라는 당대의 신사 문화에 속박되어 있었다고 말한다. 당시에는 신사 계층만이 사심 없이 중도적이고 객관적으로 대상을 판단할 수 있다고 여겨졌으며, 따라서 실험의 '목격'을 수행하는 청중도 오직 신사로 국한되었다. 보일은 이 같은 신사 문화와의 연관 속에서 앞의 전략들을 통해 자신이 생산한 실험적 지식의 신뢰성을 확보했으며, 결국 승리를 거두었다.

이 사례는 과학의 보편적인 방법으로 여겨지는 실험 체계가 17세기 영국이라는 시공간적으로 지엽적인 장소에서, 종교적·정치적 불확실성이 팽배한 시기에 실험철학자들이 확실성이라는 가치를 주장하며 당대의 신사 문화와 부합하는 전략들을 펼쳤고, 그 결과 실험적 사실이 보편타당하다는 생각이 퍼진 후에야 비로소 수용될 수 있었음을 보여 준다. 이는 과학이 여타 인간 활동과 분리되어 있는 순수한 대상이고 보편적이며 가치중립적이라는 고정관념이 전혀 적절치 않음을 드러낸다.

먼지 덮인 문서고의 사료들을 뒤적이는 대신 현대의 실험실로 찾아들어 과학자들의 활동을 살핀 연구들 역시 고정관념의 부적절성을 입증해 왔다. 1970년대에 과학기술학자 부뤼노 라투르Bruno Latour와 스티븐 울가Steven Woolgar는 갑상선자극호르몬을 연구했던 '소크 연구소Salk Institute'의 실험실에서, 카린 크노르-세티나Karin Knorr-Cetina는 캘리포니아 버클리의 정부지원기관 연구센터 소속으로서 식물단백질을 연구했던 실험실에서 과학자들의 활동을 탐구했다.

이를 통해 과학기술학자들은 다음과 같은 두 가지 관찰 결과를 도출했다.

첫째, 과학적 사실이란 외부 물리세계의 '발견'이라기보다는 실험실이라는 국소적 공간 속에서 여러 장치들의 도움을 통해 만들어지는 인공적 실재artificial reality로 보는 것이 적절하다.

일례로, 동물 뇌 속에 있는 순수한 갑상선자극호르몬이 실험실 바깥에 존재하는 것은 불가능하다. 동물의 뇌하수체로부터 호르몬을 추출할 도구들과 추출된 물질을 측정하는 질량분석기가 갖춰진 실험실의 실험적 세팅 하에서만 순수한 갑상선자극호르몬이라는 물질이 존재할 수 있다. 우리가 우리 감각 바깥에 Pyro-Glu-His-Pro-NH2라는 분자식을 가진 갑상선자극호르몬이 항구불변하게 존재하고 있다고 믿는 것은, 실험 장비 및 도구에 기초하여 만들어진 연구 결과가 담긴 진술이나 정의가 그 물질 자체와 동일하다고 여기는 데서, 즉 그러한 실험의 과정과 실험적 환경을 잊어버리는 데서 비롯된다.

둘째, 현실의 실험실에서 과학자들의 추론 방식과 방법론은 사회학의 그것과 다르지 않으며, 따라서 순수/응용과학 혹은 경성/연성과학이라는 위계는 적절하지 않다.

과학자들의 활동은 가설을 세우고 그에 따른 실험을 진행하고 결과를 도출해서 가설의 진위 여부를 검토하는 단순한 과정으로 설명될 수 없다. 과학자들은 상황의 우연성을 이해하고 그에 따라 행동하는 실용적이고 실천적인 추론가이다. 과학자들은 숙련된 인력과 연구 장비가 제공되는 좋은 실험실을 확보할 수 있는 실험을 우선적으로 설계하고, 지원을 받을 수 있는 특정한 연구 주제에 집중한다. 이와 함께 언어적, 시간적 제약 때문에 자신의 실험 주제와 관련한 선행 연구들을 다 파악하지 못했더라도 어쩔 수 없음을 인정하고 연구를 진행하기도 한다.

뿐만 아니라 과거에 진행된 다른 종류의 실험 설계와 결과를 유비類比하여 새로운 실험을 설계하기도 하고, 연구 결과에 따른 재정 지원을 받기 위해 실험실에서 일어난 많은 일들을 논문 작성 과정에서 지우고 재구성하며 여러 수사적 전략들을 동원하기도 한다. 예를 들어 1970년대 버클리 연구센터의 식물단백질 연구자들은 애초 학술적 목적에서 연구를 시작했지만, 막상 그들이 출판한 논문에서는 자원 낭비 문제 혹은 열 응고와 관련된 건강 문제를 해결하기 위해 연구를 수행한 것으로 재서술하였다.

과학 논문에 수사적 전략을 사용하고 유비적 추론을 할 뿐 아니라 상황적 우연성을 인식하고 거기에 실용적으로 대응하는 모습은 그보다 덜 순수하고 더 응용적인 학문으로 여겨지는 사회과학의 연구 방법이나 절차와 하등 다를 바가 없다.

이렇게 과학기술학자들은 과학을 둘러싼 주요 개념들인 발견, 증거, 논증, 실험, 전문가, 실험실, 도구, 재현 등의 역사를 탐구하면서 과학에 대한 고정관념을 무너뜨리는 데 기여해 왔다.

과학기술학자들의 연구는 과학과 여타 인간 활동을 분리시키던 고정관념들이 말 그대로 '믿음'일 뿐임을 보여 주면서 과학을 정치, 문화 등과 같은 인간 활동의 일부로 변모시킨다. 바꿔 말하면, 인간 활동과 분리되어져 높은 하늘에 있던 고귀한 과학을 땅으로 내려오게 한다. 과학은 개념이나 이론적 실재들의 집합이 아니라 과학자들의 실제적이고 실천적인 활동practical activity인 것이다.

과학기술학자들은 한발 더 나아가 과학 논쟁 또한 새로운 시각으로 바라보기 시작했다. 예를 들어 쉴라 자사노프Shelia Jasanoff는 독성 화학물질에 대한 규제를 둘러싸고 일어나는 과학기술 논쟁들을 관찰하면서, 논쟁 당사자들이 상대방의 주장을 비과학적이라 치부하며 자신들만이 과학적이라고 주장하는 '경계 작업boundary work'을 벌인다고 분석했다. 화학약품 기업들은 해당 물질의 유독성에 대한 과학적 증거가 불확실하다며 시민운동가들의 규제 요구를 비과학적이라 비난하고, 시민운동가들은 거꾸로 화학물질의 유독성에 대한 불확실성을 강조하며 기업들이 경제적 이익 때문에 과학적 문제들을 은폐하고 있다고 비판한다. 양측이 각자 추구하는 이해관계에 따라 '불확실성uncertainty'이라는 단어를 전혀 다르게 사용하고 있다는 것이다.

필자는 과학을 지상에서의 실제적 활동으로 보는 과학기술학의 연구에 기대어 '용의자 X론'을 극복할 대안적 관점을 모색하고, 이에 기초해 우리 주변에서 일어나고 있는 과학 논쟁들에 대한 새로운 이해를 시도하고자 한다. 이는 용의자 X에 의해 '왜곡된' 과학이라는 생각 대신, 정치와 문화를 비롯한 다양한 인간 활동들과의 얽힘 속에서 어떠한 의제들(또는 어떠한 집단들)이 과학적 연구 대상으로 다뤄지지 않고 '배제'되었는지, 그리고 그것이 왜 문제인지를 살피는 것이다.

언던 사이언스 : 현대과학을 바라보는 새로운 창

이 책에서는 현대 과학기술 논쟁과 그 속에서 살아가는 우리의 삶을 이해하기 위해 '언던 사이언스undone science'라는 용어를 빌린다. 본래 언던 사이언스는 미국의 과학기술학자이자 과학운동가인 데이비드 헤스David Hess와 그의 동료들이 "정부, 산업, 사회운동의 제도적 매트릭스 속에서 특정 지식에 대한 체계적 비생산nonproduction이 이뤄진다"라고 주장하며, 그렇게 생산되지 않은 지식들을 가리키기 위해 만들어 낸 개념이다.

그러나 필자는 좀 더 넓은 의미로 이 개념을 사용하려 한다. 지금까지 어떠한 사회적·정치적·문화적·역사적 맥락 속에서 어떠한 종류의 지식들이 주로 생산되었는지, 그 결과 어떠한 종류의 지식들이 무시되고 배제되었는지 살펴보기 위해 언던 사이언스라는 용어를 사용한다.

언던 사이언스, 즉 '수행되지 않은 과학'의 관점에서 본다는 것은 과학적 지식이 생산되고 사용되는 과정에서 왜 어떤 것들은 강조되고 어떤 것들은 배제되었는지를 추적하는 '지식의 정치politics of knowledge'를 검토한다는 뜻이다. 이 용어를 사용한다는 것은 과학이 순수하고 가치중립적이며 진보한다거나 경성/연성과학 사이에 위계가 있다는 식의 고정관념에 동의하지 않음을 의미하며, 과학을 여러 인간 활동들과의 연관 속에서 살피는 사회구성주의social constructivism적 과학기술학 연구들을 좇는다는 선언이다.

언던 사이언스의 관점은 과학 논쟁과 과학기술에 둘러싸인 우리의 삶이 용의자 X를 찾는 진실게임으로 한정될 수 없는 복잡한 것임을 인지하게 해 준다. 그리고 무엇이 과학적으로 옳고 그른지에 앞서 왜 어떤 것은 과학적으로 옳다고 '판단'되고 어떤 것은 틀렸다고 '간주'되는지, 과학 논쟁의 기본적인 전제 자체가 새롭게 논의되고 검토되어야 할 대상임을 드러낸다.

예를 들어, 저선량 전리방사선의 안전성을 둘러싸고 한국에서 일어난 논쟁을 이 관점에서 살피는 일은 정부가 과학적으로 옳고 시민단체가 틀렸다거나 혹은 그 반대라고 결론짓는 것에 한정되지 않는다. 그 대신 정부와 시민단체가 각각 과학적으로 안전한 수치를 어떻게 정의하고 있는지, 그렇게 정의한 까닭은 무엇인지, 나아가 이러한 정의에 기초한 논쟁 과정에서 배제된 질문들은 과연 무엇인지를 묻는다. 이는 왜곡, 진실, 정의라는 용어들에 휩쓸려 외면당하고 있는 현실이 무엇인지 차분하게 검토할 기회를 제공할 뿐만 아니라, 현대과학의 본성을 보다 잘 이해할 수 있는 계기를 제공한다.

이 책은 다음과 같이 전개된다. 먼저 1부에서는 용의자 X에게 이용당한 과학의 전형으로 꼽히는 사례들을 살핌으로써 '용의자 X론'이 과학의 특성을 이해하는 데 적절한 도구인지 검증해 본다. 1장에서는 유럽과 북미에서의 여성호르몬 연구, 2장에서는 일본제국의 조선인 연구, 3장에서는 나치 독일의 장애인 연구 사례를 검토할 것이다. 이를 통해 이 연구들이 용의자 X(성차별주의자, 나치, 일본 총독부 등)에 의해 용의주도하게 기획되고 왜곡되었다고 단정 짓기 어렵다는 사실을 확인할 것이다.

우리의 선입견과 달리 당시 대부분의 과학자들은 여성, 조선인, 장애인에 대한 연구가 과학적으로 순수하고 정치적으로 중립적인 연구라 믿었다. 이는 과학자들이 해당 사회의 프레임 하에서 과학 의제를 진행했기에 생겨난 일이었다. 인종과 성, 정치에 대한 당대의 관념들이 과학지식을 만들어 낸 과정을 확인함으로써 우리는 진리의 왜곡이 분명해 보이는 사례에서조차 용의자 X를 특정하기가 쉽지 않다는 것, 그리고 과학이 사회 속에서 이루어지는 인간 활동의 일부라는 사실을 새삼 이해하게 될 것이다.

1부의 내용을 통해 우리는 과학과 사회, 정치가 뒤얽히는 문제들에 대해 '왜곡된 과학 vs 순수한 과학'이라는 도식적 잣대를 들이대는 대신 '사회 속의 과학'이라는 시각으로 검토해야 할 필요성을 깨닫게 될 것이다.

2부에서는 비록 형태와 양상은 다르지만 현대에도 과학지식의 생산이 다양한 문화적·사회적·정치적 영역들과 교차하면서 특정한 방향으로 전개되며 그럴 수밖에 없음을 보인다. 그리고 이렇게 과학과 사회가 교차하는 방식을 언던 사이언스의 렌즈로 살펴보는 법을 익힌다. 이는 우리가 속한 동아시아의 이야기를 논의할 3부를 예비한다.

여기에선 각종 유전체 프로젝트에서부터 임상시험, 유방암 진단 검사, 가축전염병 관리에 이르는 현대 생의학biomedicine과 규제과학 영역을 중심으로 유전체학과 인종(4장), 구제역(5장), 임상시험과 지구적 평등(6장), 유방암 연구 및 젠더 정치gender politics*(7장)와 관련된 과학 활동과 그것이 낳는 배제의 결과들을 검토한다. 이를 통해 신자유주의와 자본, 가부장제 이데올로기, 인종주의라는 전통적인 ('용의자 X론'에 기초한)설명만으로는 젠더, 인종, 자본, 생명윤리가 과학기술과 뒤얽히는 현대의 문제들을 이해하고 쟁점을 구별해 내는 일이 쉽지 않음을 보여 줄 것이다.

이렇듯 과학을 '왜곡'하는 용의자 X를 찾는 설명들에서는 잡히지 않는 새로운 문제들을 드러내고 분석하는 것이 바로 언던 사이언스의 관점이다.

마지막으로 3부에서는 우리와 우리 주변의 문제들을 언던 사이언스의 시각에서 본격적으로 탐구한다. 여기서는 특히 최근에 진행되었거나 진행 중인 과학 논쟁에 많은 관심을 기울일 것이다.

8장에서는 한국에서 벌어졌던 광우병 논쟁과 대만에서의 락토파민 논쟁을 각 논쟁과 긴밀하게 관련된 국제과학기구들의 활동을 중심으로 검토한다. 9장에서는 대만 RCA암 사례와 한국 삼성백혈병 논쟁 등 산업재해

* 젠더 정치는 성별에 따른 권력과 자원의 비대칭적 분배를 비롯하여 문화와 규범 속에 녹아 있는 성별성性別性을 드러내고 문제 삼는 인식틀 및 활동을 가리킨다. 우리가 살펴볼 사례로 예를 들자면, 여성 유방암 활동가들은 유방암이라는 질병에 대한 일반적 인식 및 관련 연구에서의 성 편향적 시각과 불균등한 연구자원 분배를 지적한다.

와 관련된 지식투쟁을 살핀다. 10장에서는 동아시아 전역에 큰 상흔을 남긴 후쿠시마 원전 해일 사고 이후 일본에서 벌어진 저선량 전리방사선 위험 논쟁을 재고한다.

보수/진보, 우파/좌파, 자본가/노동자, 거짓/진실 같은 이분법적 세계관으로는 포착할 수 없는 정치적, 사회적 쟁점들을 명료히 드러내는 데 언던 사이언스의 관점이 매우 유용하다는 사실을 위 탐구들이 실증적으로 보여 줄 것이다.

이 책이 우리를 둘러싼 복잡한 과학 논쟁들에 대해 완벽한 답을 제공해 주지는 않는다. 그러나 한 가지만은 분명하게 말할 수 있다. 언던 사이언스라는 새로운 창을 통해 독자들이 현대과학의 여러 문제들을 한층 정확하게 바라보고 이해할 수 있으리라는 것!

이제 수행되지 않은 과학의 세계로 지적 여행을 떠날 차례이다.

1부

용의자 X의 과학 다시 쓰기

⊙

19세기 말 유럽 전역에서 실시된 난소적출술,
20세기 전반에 조선민족의 낙후성을 강조한 일본의 인종과학,
그리고 나치의 인종대학살.
과학을 왜곡하는 용의자 X가 이보다 분명한 사례들이 또 있을까?
성차별주의자들, 나치주의자들, 일본제국주의자들이 바로 배후에서 과학자들을 조종하여 거짓 과학지식들을 만들어 내고 퍼뜨린 범인들 아니었던가?

지금부터 우리는 이렇듯 용의자 X의 정체가 분명해 보이는 사례들조차 그리 간단하게 평가하고 넘어가기가 쉽지 않음을 확인하게 될 것이다.
어용과학자들에게 거짓된 지식을 만들라고 주문하는 용의자 X 대신 우리는 여성, 조선인, 장애인에 대한 당대의 시선을 공유하고 그에 기초하여 과학적 연구 과제들을 만들어 나가는 '사회 속의 과학자들'을 발견하게 될 것이다.
이는 언던 사이언스의 기본 전제, 즉 과학 활동은 사회 속에서 이루어지는 인간의 다양한 활동들 중 하나라는 사실을 새삼 깨닫게 해 줄 것이다.

⊙

1장

"우울한 여성호르몬, 용감한 남성호르몬"

:성차별주의자들에 의해 왜곡된 과학?

"자연을 맹렬하게 추적해… 당신이 원할 때 언제든지 자연을 붙잡고 구석으로 몰아넣어요. 진리를 탐구하는 것이 목적의 전부일 때 남성은 그 구멍을 꿰뚫고 들어가는 것에 대해 더 이상 양심의 가책을 느낄 필요가 없습니다."*

진부하지만 프랜시스 베이컨Francis Bacon의 젠더 차별적인 자연관을 다시 한번 들먹일 필요성을 보여 주는 대목이다. 여성주의 과학사학자 캐롤린 머천트Carolyn Merchant는 베이컨이 과학적 실험의 중요성을 강조하며 자연과 여성의 강간 은유를 사용하는 위 대목을 조곤조곤 읽어 내려갔다. 진리를 탐구하는 남성 과학자가 여성화된 자연을 겁탈하는 장면 말이다.

* Carolyn Merchant (1990), The Death of Nature: Women, Ecology, and the Scientific Revolution, San Francisco, CA: HarperCollins.

지난 40여 년간 과학 안팎의 학자들은 성차별주의가 근대과학의 뼈대를 이루고 있다는 점을 지적해 왔다. 여성의 과학계 진입에 대한 차별을 비롯하여, 성차gender difference 연구 과정에서 여성에 대한 과학자들의 편견이 일련의 '과학적 사실'들을 생산해 왔다는 건 익히 알려진 사실이다. 17세기 과학혁명 이래 유럽의 과학자들은 여성을 메타포로 삼아 자연을 이해했고, 자신들의 과학 연구를 '남성이 여성을 정복하듯 자연을 정복하는 것'으로 생각해 왔으며, 여성을 과학 활동에 적절치 못한 본성을 지닌 존재로 묘사하며 과학의 영역에서 배제해 왔다.

여성의 본성에 대한 그들의 해부학적 연구들은 여성이 남성보다 열등한 존재라는 사실을 정당화하는 데 기여했다. 그들은 생물학적으로 확연히 구분되는 남녀의 차이에 대한 믿음에 기초해 양성애자나 자웅동체로 태어난 사람들을 한쪽 성으로 '교정'해 나갔으며, 이러한 과정에는 빈번히 정신적·물질적 폭력이 수반되었다. 이 장에서는 19세기 말부터 제2차 세계대전 이전까지 유럽과 북미에서 이루어진 성호르몬 연구의 역사를 살핌으로써 젠더 차별적 과학이 수행된 양상을 스케치한다.

18세기 말부터 여성과 남성의 '근본적'인 차이를 전제해 놓고 이를 확인하기 위한 생물학적 연구들이 활발히 진행되었다. 여성의 투표권과 남녀평등을 향한 요구가 서서히 고개를 들던 사회정치적 맥락 속에서, 이러한 연구들은 종종 남성이 누리는 사회적 권리를 여성이 향유해서는 안 되는 '과학적 근거'의 역할을 떠맡았다. 여성의 몸이 과학적 연구 대상으로 부각되었고, 그중에서도 난소와 여성호르몬은 여성성의 정수로 간주되었으며, 이와 관련된 젠더 차별적 행위들이 발생했다.

눈여겨봐야 할 것은, 성차별적 과학 연구가 남성우월주의자들이나 성차별주의자들에 의해 이루어진 게 아니라는 점이다. 성차별주의적 사회에서 살아갔던 당시의 과학자들 대부분은 이러한 젠더 차별적 과학을 정당한 과학으로 여기고 연구를 전개해 나갔다.

아싸~!
자연을 정복
했노라!!
(여자 정복
하듯이)
저런
한심한
넘...

열등한 여성과 우월한 남성 : 19세기 유럽 지성의 풍경

1861년, 빅토리아 시대의 가부장적 분위기 속에서 존 스튜어트 밀John Stuart Mill *은 용감하게도 이렇게 주장했다. "여성의 본성이라고 알려진 것은 인공적인 것으로, 비자연적인 자극들에 의해 강제된 억압의 결과이다." 간단히 말하자면, 여성다움으로 여겨지는 행동들은 가부장적 사회에 의해 강제적으로 주어진 것이지 여성 고유의 본성이 아니라는 것이다.

이에 대해 찰스 다윈Charles Darwin은 마치 현대의 과학주의자 스티븐 핑커Steven Pinker **처럼 반응했다. 그는 밀에게 "물리과학(생물학) 공부가 필요하다"고 논박했다. 다윈이 보기에 "여성의 본성은 남성과 같이 생물학적 특성에 기초하고, 그렇기에 그것은 양육nuture이 아닌 본성nature의 문제"였다.

사실 한두 세기 전까지만 하더라도 다윈과 같이 자신 있게 여성의 본성이 과학적 연구 대상이라고 말하기는 쉽지 않았다. 과학사학자 토마스 라쿼Thomas Laquer에 따르면 18세기 중반이 되어서야 여성이 남성과 해부학적·생물학적으로 다른 존재라는 것을 증명하기 위한 노력들이 본격화되었다고 한다. 적어도 과학의 영역에서는 18세기 이전까지 '남성/여성'이라는 이분화된 범주는 없었는데, 그 이유는 오직 남성만이 인간으로 간주되었기 때문이다. 여성은 단지 불완전한 인간(남성)일 뿐이었다.

그러나 18세기 중반 이후 기술적 자연사descriptive natural history와 생리학의 통합으로 생물학이라는 분과가 탄생하면서 유기체에 대한 포괄적 연구 영역이 만들어졌고, 진화론이 해부학·형태학·발생학의 전통적 견해들을

* 『자유론』(1859), 『공리주의』(1863) 등의 저서를 남긴 19세기 영국의 철학자이자 경제학자(1806~1873).

** 하버드 대학 심리학 교수(1954~). 『마음은 어떻게 작동하는가How the Mind Works』(1996), 『빈 서판The Blank Slate』(2002) 등의 대중 과학서를 쓴 베스트셀러 작가이기도 하다.

뒤엎는 일이 빈번히 일어났다. 이와 함께 체질인류학, 심리학과 같은 새로운 형태의 (사회)과학들이 등장했고 해부학과 생리학, 진화생물학, 체질인류학, 심리학, 사회학이 서로 뒤얽히면서 남성과 여성의 차이에 대한 과학적 증거들을 수립하고 이에 대한 포괄적 이론들을 만들어 나갔다.

많은 과학사학자들이 동의하는 점 가운데 하나는 이렇게 성차를 탐구하려는 노력이 당대의 정치적 맥락과 관련되었다는 것이다. 여권운동이 확산되면서 생물학적 성을 둘러싼 치열한 설전이 벌어지던 19세기 유럽에서, 남성만을 인간으로 간주하는 기존의 일원론적 성 모델로는 전통적인 가부장적 사회관계를 정당화하기 어려웠다. 여성의 권리를 인정하든 그렇지 않든 간에 과학자들은 성차에 대한 연구를 적극적으로 수행했으며, 그 연구 결과들은 젠더 역할과 관련된 특정한 정치적 주장들을 지지하거나 부정하는 데 이용되었다.

과학 안팎에서 성차와 관련해 이뤄진 합의는 여성과 남성이 해부학적으로, 생리학적으로, 또한 기질과 지성에서 큰 차이가 있으며 여성은 모든 측면에서 남성보다 열등하다는 것이었다. 진화론의 영향 속에서 여성은 남성보다 뒤떨어진 존재로 이해되었다. 19세기 지성인의 눈에 여성은 아이 같은 마음과 지능을 갖고 있을 뿐만 아니라, 수염과 같이 남자아이들이 어른이 되면서 나타나는 발전적 특성을 평생 갖지 못하는 열등한 존재였다.

과학사학자 신시아 러셋Synthia Russet에 따르면, 다윈주의 성 선택설은 남성과 여성 사이의 체질적, 행동적 차이를 짝짓기의 이득으로 설명했다. 매사에 열정 없고 병약해 보이는 여성이, 그리고 근육질이고 도전적이며 용감한 남성이 각각 상대방에게 매력적으로 보이므로 인간 여성과 남성은 이처럼 성적으로 구별되는 특징을 갖는 방향으로 진화했다. 이에 더해, 여성은 재생산(생식)을 위해 에너지를 보존할 필요가 있기 때문에 남성들이 갖는 우월한 특징들을 갖는 방향으로 진화될 수 없었다.

결과적으로 여성은 결코 남성과 같은 지적, 예술적 성취를 얻거나 남성과 같은 힘과 권위를 달성하는 것을 기대할 수 없다. 자연이 성 선택을 통해 여성에게 재생산을 담당하는 2차적인 지위를 부여한 것이다. 이 논의에 따르면 새로운 지식을 성취하고 사회적 힘과 권위를 '생산'하는 것은 전적으로 남성의 몫이었다.*

이와 같은 다윈주의 성 선택설로 무장한 당대의 과학자들은 다양한 방향에서 열등한 여성과 우수한 남성의 차이를 생물학적으로 입증하려 시도했다. 브룩스W. K. Brooks는 『유전법칙The Law of Heredity』(1883)에서 여성이 보수적이고 남성이 여성보다 더 가변적variable인, 즉 더 창조적인 이유는 생식세포의 기능 차이에서 비롯된다고 주장했다.

그는 '범생설pangenesis'**에 기초해서 이렇게 설명했다. 남성의 세포는 세균들을 수집하고 저장하는 특별한 능력을 지니고 있어 새로운 변이들이 발생한다. 그리고 이러한 변이들이 남성의 생식기관으로 옮겨져 남성 생식세포로 모이며, 수정 과정에서 여성의 난자로 전달된다. 생명의 탄생 과정에서 변화를 낳는 것은 남성 생식세포의 몫이었다. 따라서 브룩스가 보기에 "난자는 보수적이고, 남성의 생식세포는 진보적이다."

헤이브록 엘리스Havelock Ellis는 『남성과 여성Man and Woman』에서 여성이 남성보다 열등하며, 천재 여성은 존재하기 어려울 뿐만 아니라 설령 있다

* 많은 진화생물학 관련 저술가들은 1871년 『인간의 유래와 성 선택』이 출간되었을 당시 『종의 기원』과 같은 열광이 없었으며 학계가 전반적으로 무반응 혹은 무관심한 태도를 보였다고 말한다. 이들은 학계의 상대적 무관심이 성 선택에 내포된 함의—여성에게 간택받기 위해 남성의 특정 형질들이 진화한 것—를 불만스러워하고 받아들일 수 없던 데서 비롯되었다고 해석한다. 성 선택설과 관련한 과학사적 개괄로는 피터 보울러, 이완 리스 모리스 저, 홍성욱 외 역 『현대 과학의 풍경 2권』(궁리, 2008) 참고.

** 히포크라테스에 기원을 둔 다윈의 유전 이론으로 그리스어 'pan'(모든)과 생식의 개념을 담고 있는 'genesis'(발생)를 결합시킨 말. 인체의 모든 세포들은 작은 입자로 구성되며 그 입자들이 난자나 정자 같은 생식세포에 저장되어 다음 세대로 전해진다는 학설이다. 범생설은 19세기 말까지 보편적인 유전 이론으로 여겨졌다.

1871년 다윈은 『인간의 유래와 성 선택The Descent of Man, and Selection in Relation to Sex』을 출간했다.

하더라도 정상적인 여성이 아니라고 주장했다. 그는 뇌의 크기를 통해 여성의 열등성을 논증하려 했는데, 흥미롭게도 남성의 뇌 무게가 여성보다 무겁다는 것을 굳이 증명할 필요도 없는 당연한 사실로 전제했다. 당시 사람들에게 "여성 천재란 있을 수 없으며, 만약 천재인 여성이 있다면 그녀는 기실 남성"이었다.

브룩스 역시 성 세포에 대한 자신의 논의에 기초해 탁월한 지적 능력을 가진 여성이 생물학적으로 존재할 수 없음을 논증했다. "만약 여성이 보수적인 유기체라면 여성의 정신 또한 본능과 습관, 직관과 과거 경험으로부터 얻은 논리로만 가득 차 있는 저장고에 불과하다는 결론이 도출된다. 반면 남성은 변이가 가능한 유기체로서 진화 과정의 발원 요소이므로, 남성의 정신은 틀림없이 새로운 영역으로 경험을 확장시키고 자연의 새로운 법칙을 발견하는 능력을 가질 것이다."

같은 시기 미국에서는 여성의 사회적 권리 요구, 혹은 (당대 사람들의 용어를 빌리자면) '투표권에 대한 여성의 욕망'을 들어주는 일은 진화론적 후퇴라는 주장이 만연했다. 공론장은 남성들만의 영역으로 간주되었고, 여기에 인권의 이름으로 참여하고 싶어 하는 여성들은 (원시시대의) 남성적인 존재들로 여겨졌다. 예를 들어 제임스 바이어James Weir는, 인류의 원시사회가 모계사회였으므로 여성들에게 정치적·사회적 참여 권리를 주어 "모계사회로 회귀"하는 것은 진화론적 퇴보라고 주장했다.

이에 더해, 참정권을 주장하는 페미니스트들은 모두 심리학적으로 비정상적인 여성들이라고 비난했다. 그녀들은 다른 정상적인 여성들과 달리 남성적 느낌과 욕망을 가졌는데, 이들의 남성적 기질은 현대문명의 남성들처럼 '논리와 이성'에 기초한 게 아니라 원시인과 같은 '감정'에 기댄 것이다.

과학자들은 여성 신체의 특정한 해부학적, 생리학적 기관이 남성적 우월성과 여성적 열등성이라는 차이를 낳는 지표가 될 수 있다고 보았다. 그러한 지표의 역할을 처음으로 맡은 것이 바로 난소ovaries였으며, 20세기 이후에는 여성호르몬female hormone이 그 자리를 물려받게 된다.

남성 + 난소 = 여성? : 난소의 젠더화와 난소적출술의 유행

18세기에 들어서면서 과학은 서로 공약 불가능한 생물학적 성 범주로서 '남성'과 '여성'이란 개념을 받아들였다. 17세기 말 무렵부터 해부학자들은 해부학과 현미경의 발전에 힘입어, 성차가 피부 아래 깊숙한 곳에서도 존재한다는 사실을 보이기 위해 처음으로 여성 골격에 대한 도해를 출판하기 시작했다.

이 도해들에서 여성의 생식기관은 남성과 여성 사이의 근본적 차이를 보여 주는 대표적인 증거로 제시되었다. 영국의 해부학자 윌리엄 쿠퍼William Cooper는 이전의 해부학자들과 달리 클리토리스, 외음부, 자궁, 난소, 수란관을 포함한 여성의 생식기관을 자세히 묘사한 도해를 출판했다.

19세기에 들어서면서 난소가 여성의 2차 성징을 드러내는 데 중요한 역할을 한다는 사실이 '발견'되고, 과학자들은 그전까지는 이름도 없이 단순히 '여성 고환female testicle'이라 부르던 난소를 여성다움을 만드는 생물학적 기관으로 이해하기 시작했다. 예를 들어 1844년 프랑스 의사 아킬 셰로Achille Ch?reau는 "여성이 여성인 이유는 난소 때문"이라고 주장했다. 병리학자 루돌프 루트비히 칼 비르효Rudolf Ludwig Karl Virchow의 말을 빌리는 것이 더욱 확실할 듯한데, 1848년에 그는 이렇게 단언했다.

> "여성의 난소를 제거할 경우 그녀의 뼈는 굵어지고, 수염이 나기 시작하고, 목소리가 거칠어지며, 가슴이 평평해지고, 자존심 강한 자아를 갖게 된다. 요약하자면, 여성이 여성다워지는 것은 그녀의 난소에 의존한다."

과학사학자이자 임상의인 베르니스 하우스만Vernis Hausman은 당시 과학자들에게 여성은 '남성과 난소의 결합'으로 정의되었다고 말한다. 남성성이 정상적인 인간 상태이며, 여성성은 그것의 변이이거나 '타자'로 인지되었다는 것이다. 난소는 여성성의 중핵으로서 남성을 여성으로 만드는 변인의 원천이었다. 난소에 대한 이 같은 확신에 기초하여, 1870년대에는 유럽과 북미에서 젊은 여성들을 대상으로 한 난소적출술이 대규모로 시술되었다.

1816년에 폐경기menopause가 의학적으로 정의되고 폐경기와 월경증후군이 신경성 장애와 같은 정신병이자 신체적 질환으로 규정되면서, 폐경기와 월경이 동반하는 여성의 히스테리 같은 특정한 신경적 불안이 여성성의 원천인 난소에 의해 발생하는 것으로 여겨지기 시작했다. 당대 산부인과 의들은 난소를 '위기의 장기organs of crisis'로 기술하며 여러 '여성 질병'의 해결을 위해 난소를 제거하는 난소적출술을 시행해야 한다고 주장했다.

예를 들어 1872년 미국의 산부인과 의사 로버트 버티Robert Battey는 여성의 산부인과적 문제와 신경성 질환의 치료법으로 난소적출술을 주장했다. 난소적출술은 미국, 영국 그리고 독일에서 크게 유행했으며, 19세기의 후

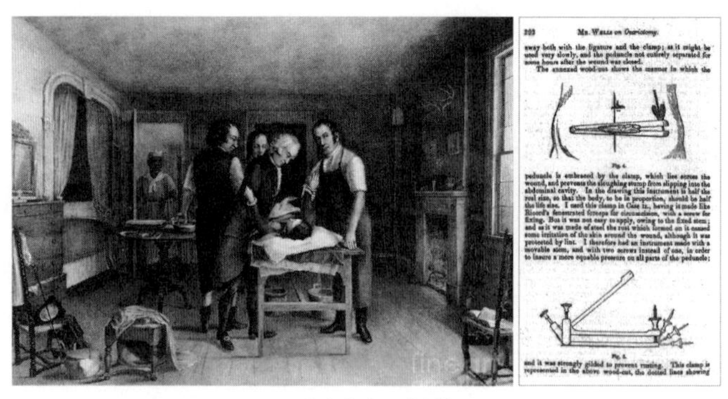
Mr. Wells on Ovariotomy.

away both with the ligature and the clamp; as it might be used very slowly, and the peduncle not entirely separated for some hours after the wound was closed.

The annexed wood-cut shows the manner in which the

Fig. 4.

peduncle is embraced by the clamp, which lies across the wound, and prevents the sloughing stump from slipping into the abdominal cavity. In the drawing this instrument is half the real size, so that the body, to be in proportion, should be half the life size. I used this clamp in Case II., having it made like Ricord's fenestrated forceps for circumcision, with a screw for fixing. But it was not easy to apply, owing to the fixed stem; and as it was made of steel the rust which formed on it caused some irritation of the skin around the wound, although it was protected by lint. I therefore had an instrument made with a movable stem, and with two screws instead of one, in order to insure a more equable pressure on all parts of the peduncle;

Fig. 5.

and it was strongly gilded to prevent rusting. This clamp is represented in the above wood-cut, the dotted lines showing

19세기의 난소적출술

반부 동안 수천 명의 젊은 여성들이 수술의 대상이 되었다.

그러나 과학사학자 토마스 라쿼가 지적하듯, 당시 난소 적출이라는 '여성 거세'를 정당화할 수 있었던 유일한 근거는 난소가 몸에서 제거될 경우 해당 여성이 남성 같아질 것이라는 믿음뿐이었다. 난소 적출과 관련된 임상적, 실험적 증거는 19세기 말까지 명확하지 않았음에도 불구하고 난소 적출술은 보편적으로 시술되었다.

성호르몬의 탄생 : 여성호르몬과 성 대립성

넬리 우드슈른Nelly Odshoorn이나 파우스토 스털링Fausto Sterling, 토마스 라쿼 같은 여러 과학사학자들은 20세기 초부터 여성호르몬이 난소를 대신하여 여성성의 정수로 여겨지기 시작했다는 데 의견을 같이한다. 1910년대 영국 산부인과 의사 윌리엄 블레어 벨William Blair Bell은 "여성은 난소를 갖고 있기 때문에 여성이다"라고 말한 점에서 그의 선배 연구자들과 같았지만, 여기서 한발 더 나아갔다. "여성성은 이 난소의 내분비물에 의해 형성된다." 그 내분비물이 바로 여성호르몬이었다.

1889년 프랑스 의사이자 신경학자인 샤를 에두아르 브라운-시쿼드 Charles Edourard Brown-Sequad는 수컷의 고환 조직을 투여함으로써 남성성을 회복할 수 있다고 주장했다. 뿐만 아니라 그는 '여성성 질환'으로 여겨지던 자궁 질환과 히스테리 치료를 위해 기니피그의 난소를 정제한 즙을 여성들에게 주입했다. 1895년에 그의 제자 마리 브라Marie Bra는 폐경기와 관련한 증상들을 안정시키기 위해 난소 내분비물을 사용할 수 있다고 주장했고, 이듬해 실험적 임상 치료가 수행되었다. 1905년 에른스트 스탈링Ernst Starling에 의해 '호르몬hormone'이라는 용어가 처음 제안되었고 1923년에는 난소호르몬이 처음으로 유리되었다.

난소호르몬에는 '외스트로겐oestrogen'이란 이름이 주어졌는데 이는 그리스어 oistros와 gennein의 합성어였다. oistros는 '광란 혹은 미친 열망'이란 뜻이고 gennein은 '자손을 낳는'이란 뜻이었는데, 이는 당시 여성성에 대한 일반적인 생각을 반영한 것이었다. 1929년에는 외스트론oestron과 외스트리올oestriol이, 1934년에는 우리에게도 익숙한 프로게스테론progestrone이 유리되었다.

여성호르몬이 여성성의 정수로 이해되면서 모든 '여성 질병'들은 여성호르몬의 낮은 농도 탓으로 여겨지기 시작했다. 폐경과 여성의 노화는 여성호르몬이 결핍되어 발생하는 질병으로 정의되었고, 그 해결책으로 여성호르몬 치료가 제안되었다.

1920년대에 이르기까지 내분비학자들은 성호르몬의 기능과 생산기관을 '성 특정적'으로 정의했다. 남성호르몬은 남성성을 만들어 내고 여성호르몬은 여성을 여성답게 만드는 기능을 맡으며, 이 둘은 각기 남성의 고환과 여성의 난소라는 기관에서만 생산된다. 당시 내분비학자들은 성이 남성/여성이라는 엄격한 이원론적 개념으로 이해되어야 하며 성호르몬에 대한 이해도 이에 부합해야 한다고 주장했다. 이는 영국에서 빅토리아 시기부터 발전한 '성 대립성sex antagonism' 관점, 즉 여성의 활동 양식은 남성의 그것과는 완전히 정반대라는 관점에 정확히 들어맞는 이해였다.

영국의 생리학자 발터 힙Walter Heape은 동물의 발정주기와 관련해 여성의 월경주기를 처음으로 연구한 학자인데, 그는 성 대립성을 주장하며 여성의 생물학적 특성을 남성과 정반대의 것으로 정의하였다. 힙은 과학적 연구를 바탕으로 당대의 사회정치적 논쟁에 뛰어들었고, 생물학이 여성의 운명을 '모성'으로 결정지었기 때문에 정치적 참여를 희망하는 여성들의 평등권 주장은 생물학적 진실과 어긋난다고 주장했다.

1910년 비엔나의 산부인과 의사 유겐 슈타인나흐Eugen Steinanch는 성 대립성의 발생 근거를 성호르몬에서 찾으면서 여성의 참정권 요구를 비판했다. 여성의 적합한 사회적 역할은 생물학에 기초하고, 그것은 남성의 역할과 정반대이며, 이러한 역할 차이는 서로 다른 성호르몬 분비에서 비롯된다. 여성과 남성의 생식선은 각기 다른 대립적 호르몬들을 분비한다. '용감하고 창조적'인 남성호르몬과 '우울하고 보수적'인 여성호르몬은 여성의 정치 참여가 옳지 않다는 과학적 증거로서 기능했다.

이에 더해, 여성호르몬은 남성의 '정상적인' 성적 특질들의 발달을 가로막는 것으로 이해되었다. 따라서 남성 동성애자들은 비정상적으로 여성호르몬이 많은 데서 비롯된 것이라는 추론들 또한 전개되었다.

양성애적 호르몬과 사라지지 않는 편견

"남성호르몬과 여성호르몬의 분류가 당연해 보이지만 사실 그것을 정의하기란 쉽지 않다. 최근 이에 대한 의견은 혼돈 상태에 있는 것처럼 보인다. 주된 문제는 남성과 여성이란 개념이 단지 일반인들이 갖는 의견과 연결되어 있어서, 진보된 실험적-생물학적 연구에서 얻는 결과와 상충된다는 것이다. 우리는 남성과 여성에 대해 '결정적인' 것으로 간주될 수 있는 특징들을 정의하기가 점차 어려워짐을 발견하고 있다."

1936년 내분비학자 종Jongh이 위와 같이 토로했듯이, 성 대립성 관점과 이원론적 성 개념에 기초한 믿음과 모순되는 연구 결과들이 속속 보고되면서 한때 분명해 보이던 성호르몬 개념에 대한 믿음이 흔들리고 치열한 과학적 논쟁이 발생했다.

최초로 이상 징후를 발견한 것은 비엔나의 산부인과 의사 오트프리드 펠너Otfried Fellner였다. 1921년 그는 토끼의 고환에 여성호르몬이 함유되어 있다는 '충격적인' 사실을 보고했다. 1927년에는 당시 내분비학계를 선도하던 네덜란드 암스테르담 학파의 에른스트 라퀴Ernst Laquer 그룹에서 여성호르몬이 남성의 고환뿐 아니라 심지어 "정상이며 건강한" 남성의 소변에서도 발견된다고 보고하면서 내분비학계는 일대 혼란에 휩싸였다.

1931~1932년 사이에는 남성호르몬이 여성의 장기에서 발견된 사례들이 보고되었고, 1939년에는 영국의 생리학자 힐을 비롯한 연구자들이 '여성성의 정수'인 난소가 남성호르몬을 보유하고 있다는 충격적 사실에 관한 일련의 논문들을 출판하기에 이르렀다. 과학자들은 자신들의 연구 대상들이 모두 "건강하고 정상인" 남성이나 여성이었음을 재차 확인하고 강조하며 놀라움을 표했다.

과학자들은 여성 체내의 남성호르몬이나 남성 체내의 여성호르몬 같은 "양성애적 호르몬들heterosexual hormones"을 어떻게 설명할 것인지 탐구하기 시작했다. 1930년대의 여러 가설들은 당대의 과학자들이 이분법적 성 개념을 버리는 것을 매우 어려워했음을 여실히 보여 준다.

첫 번째 가설은 로버트 프랭크Robert Frank에 의해 제안된 것으로, 여성호르몬이 남성의 신체에서 만들어지는 게 아니라 여성호르몬을 함유한 특정 음식들을 섭취하면서 그 남성의 몸에 축적된 것이라고 설명했다. 두 번째 가설은 영국의 생물학자 로버트 칼로우Robert Calow가 제시한 것으로,

남성의 신장에서 여성호르몬이 만들어져 고환이나 소변으로 이동하게 된 것이라고 설명했다. 두 가설 모두 남성 생식선은 남성호르몬만 만들어 낸다는 전통적인 성 대립성 관념을 포기하지 못한 설명들이었다.

1934년에 존덱Zondek이 제안한 생식선 가설이 성 호르몬의 이분법적 개념을 처음으로 깬 설명인데, 그는 고환에서 남성호르몬이 여성호르몬으로 전환된 결과라고 추론했다. 과학자들이 비로소 성 호르몬 생산기관에 대한 이해를 바꾸기 시작한 것이다.

이와 함께 성호르몬이 '성 특정적 기능'만 하는지에 대한 논란도 벌어지기 시작했다. 1929년만 하더라도 암스테르담 학파의 연구자들은 여성호르몬이 여성성과 연관되므로 남성 몸속의 여성호르몬은 아무 기능도 하지 않는다고 주장했다. 심지어 임상의들은 여성호르몬이 남성 신체에 있을 경우 질병을 야기한다고 단언했다. 여성호르몬을 가진 남성들은 성적·심리적 장애들을 갖게 된다는 것이다. 앞에서 언급했듯이 일부 연구자들은 남성 체내의 여성호르몬이 여성적 특질을 강화시켜 동성애 같은 '질병'을 이끈다고 주장했다.

그러나 1935년에 이르면 암스테르담 학파는 성호르몬의 기능 차원에서도 성 대립성 관념을 거부하게 된다. 에른스트 라쿼를 위시한 암스테르담 학파의 내분비학자들은 반복된 실험 연구를 통하여, 여성호르몬과 남성호르몬이 대립적 관계라기보다는 남성의 2차 성징과 연관된 정소 같은 장기의 발달과 관련해 협조적 관계를 맺는다고 보고했다. 이듬해 이들은 암컷 쥐에서 여성호르몬과 남성호르몬이 자궁 성장과 질 개방에 협조적으로 기능했다고 보고했다. 남성호르몬이 여성의 2차 성징 발달에 기여하거나 여성호르몬이 남성의 2차 성징 발달에 기여하는 실험 결과를 목도하면서, 당대의 과학자들 가운데 일부는 더 이상 전통적인 이분법적 성호르몬 개념이 적절하지 않다고 생각하게 되었다.

그 결과 1930년대에는 많은 과학자들이 성호르몬의 분류와 용어 정의에 반대했다. 암스테르담 학파는 이 과정에서 중요한 역할을 맡았는데, 이들은 '여성'이나 '남성' 호르몬이라는 용어의 사용 자체를 거부했다. 1936년에 암스테르담 학파의 존 프로이트John Freud는 '남성/여성 호르몬'이라는 용어를 자신의 논문에서 사용하지 않겠다며, 성호르몬이 분류 용어로 사용되지 말아야 한다고 주장했다. 이 그룹의 리더였던 에른스트 라쿼 역시 성호르몬의 기능이 특정한 성의 성징 발달로 한정되지 않고 광범위하므로 성호르몬이란 용어는 부적절하다며, 차라리 촉매catalysts로 분류하는 것이 낫다고 주장했다.

영국의 블라디미르 코렌셰브스키Vladimir Korenchesvsky 또한 전통적인 성호르몬 개념에 문제를 제기하고 다른 형태의 분류법을 제안했다. 1938년 그와 동료들은 순수한 남성호르몬과 여성호르몬, 부분적으로 양성적인(남성이나 여성 속성을 가진) 호르몬partially bisexual hormones, 그리고 완전히 양성적인(두 성 모두에서 활발한) 호르몬true bisexual hormones이라는 사분법을 제안했다.

과학사학자 넬리 우드슈른은 성 내분비학 연구 분야에서 생화학자들의 견해가 이분법적 성에 대한 사회적 관념을 등에 업은 생물학자들에게 패배하여 지금까지도 성호르몬이란 용어가 사용되고 있다고 주장한다. 암스테르담 학파는 생화학자들이었고 호르몬을 화학물질로 이해한 반면, 생물학자들은 "실험적 사실들에도 불구하고" 호르몬을 성적 특징들을 통제하는 성 특정적인 대상으로 파악해야 한다고 보았다.

예를 들어 1939년 동물학자 프랭크 릴리Frank Lillie는 "화학적, 생리학적 연구 결과들이 어떻든 성적 특징들을 통제한다는 함축을 지닌 성호르몬 개념은 유효하다"고 주장했다. 생물의 발생과 발달에 주목하는 생물학자들에게 성호르몬의 역할 중 가장 중요한 것은 2차 성징의 발현과 연관된 것이었으며, 따라서 그 호르몬은 마땅히 성호르몬이라고 불려야 했던 것이다.

소결

젠더 차별에 이용된 과학? 성차별주의 사회의 과학!

18세기 중반부터 유럽과 북미에서 성차에 대한 과학 연구가 등장하면서 여성의 몸이 중요한 과학적 연구 대상으로 떠올랐다. 19세기의 생물학 연구들은 여성과 남성에 대한 당대의 가정을 전제로 삼아 이루어졌으며, 그 결과 여성의 지적·생리학적 열등성을 강조하는 결론들을 도출했다. 19세기에는 난소가, 20세기 초에는 난소에서 생산되는 여성호르몬이 여성성의 담지물로 간주되었으며 그 과정에서 우울증이나 히스테리, 월경과 폐경증후군 등 '여성 질병'을 치료한다는 미명 하에 난소적출술이 대규모로 시술되기도 했다.

20세기 들어 내분비학 분과의 탄생과 함께 성호르몬 연구에 박차가 가해졌는데, 이 과정에서 '성 대립성' 같은 당대의 젠더 이해에 기초한 성호르몬 개념과 들어맞지 않는 실험적 결과들이 반복해서 보고되었다. 그 결과 과학자들은 성호르몬의 기능과 생산기관에 대한 편향적 관념을 수정했다.

그럼에도 불구하고 젠더에 대한 편견은 생각보다 강력했다. 성호르몬에 대한 개념 자체는 수정되었지만 여성호르몬과 남성호르몬이라는 용어는 폐기되지 않았으며, 넬리 우드슈른이 적절히 지적했듯 1960년대 이전까지 여성의 몸을 연구 대상으로 삼고 이를 통해 상업적 이윤을 획득하려는 연구들만이 포화 상태에 이를 정도로 전개되었다.

이 모든 과정을 싸잡아서 소수의 성차별주의자들에 의해 추동된 '왜곡된 과학'이라고 이름 붙일 수 있을까? 모든 과학 의제가 그렇듯 성차에 대한 생물학적 연구와 관련해서 과학자들은 서로 다른 시각을 견지했지만, 그럼에도 불구하고 그들은 당대 서구 사회의 여성성과 남성성에 대한 가정을 공유하며 그에 부합하는 결론들을 도출해 나갔다. 용의자 X에 의해 왜곡된 과학이 아니라, 성차별주의를 공유하고 있는 사회 속에서 사회적으로 만들어진 과학이었던 것이다.

2장

"열등한 인종, 우월한 민족"

: 인종주의자들의 프로파간다?

19세기 후반부터 구미 각국은 자국의 과학기술적, 문화적 성취를 널리 드러내기 위해 앞다투어 '만국박람회World's Fair'를 개최했다. 1893년 시카고에서 열린 '콜럼버스 도착 400주년 기념 세계박람회The Columbian Exposition of 1893' 역시 그중 하나였다. 이 박람회는 당시 세계적으로 저명한 과학기관이었던 스미소니언 박물관Smithsonian Museum 주도로 기획되었으며, 19세기 말 미국의 학술적 성취가 집중적으로 과시된 전시였다.

시카고 박람회장은 호수를 중심으로 그리스-로마시대 신전처럼 보이는 석조건물들이 가득 찬 '백색 도시the White City'와 거대한 열람차가 인상적인 '미드웨이the Midway'로 구성되어 있었다. 미드웨이 플레장스Midway Plaisance에 입장한 관람객은 스미소니언 미국민족학청과 하버드대학 고고민족학박물관장 퍼트남F.W. Putnam 교수가 야심차게 준비한 세계 각지의 '야만스러운' 인종들과 그들의 부족문화 전시를 눈앞에서 생생히 확인할 수 있었다.

서양사학자 박진빈에 따르면 미드웨이는 아프리카인부터 미국 인디언, 에스키모, 자바인, 일본인, 중국인 등 전 세계 비非백인 민족들이 전통복장을 입고(또는 벌거벗은 채) 자신들의 일상생활을 연기하는 '인간 동물원' 혹은 '인종 전시장'이었다. '야만인'들로 가득 찬 이 인종 전시장은 유럽과 미국의 근대 과학기술과 문명을 전시하는 백색 도시와의 대조 속에서 그 '비문명성'을 더욱 극명하게 드러냈다.

인종주의와 구미 제국주의의 '식민 과학'이 긴밀하게 연결되었던 일은 널리 알려져 있다. 영국의 과학자들은 식민 관료들과 함께 아프리카와 인도 및 아시아 각지로 진출하여 식민지인들의 몸과 정신을 연구하고, 이들을 백인의 계도가 필요한 열등한 인종으로 묘사하며 식민 통치의 정당성을 확보했다. 인종주의에 기초한 '인종과학'은 나치 독일의 악명 높은 '인종위생Rassenhygiene'으로 귀결되었다. 제2차 세계대전 동안 나치는 유대인들이 독일 게르만인의 혈통을 더럽힌다며 인종 대학살을 자행했다.

시카고 박람회의 미드웨이와 같은 인종차별적 전시가 20세기 초 일본제국에서도 일어났다고 하면 놀라운 일일까? 일본의 역사사회학자 사카모토 히로코坂元 ひろ子가 보여 주듯, 1903년 오사카에서 개최된 내국권업박람회內國勸業博覽會에서는 홋카이도의 아이누인, 대만 원주민生番, 오키나와의 류큐인, 중국인, 인도인, 자바인, 아프리카인, 조선인 등 '토인土人'들과 그들의 야만적 생활상이 학술인류관에서 전시될 예정이었고 대부분이 실제로 전시되었다. 중국 유학생들의 항의로 중국인이 전시에서 제외되었고 전시 이후엔 조선인 유학생들의 문제 제기로 조선인 전시관이 철거되었지만, 조선인을 포함한 아시아 지역의 여러 민족들이 근대 문명에 도달하지 못한 열등 인종으로 낙인찍힌 채 박람회의 구경거리가 되었던 것이다.

이 사례에서 보듯 인종과학은 유럽과 미국에서만 이루어졌던 작업이 아니다. 아시아, 특히 우리가 살고 있는 한국에서도 일제강점기에 조선인에

백색 도시의 전경(위)과 미드웨이의 에스키모 부족 전시관(아래)

대한 인종 연구들이 진행되었다. 일본인과 한국인의 외형적 유사성 때문에 어려움에 부딪히기도 했지만, 이 시기 일본의 과학자들은 한국인의 모발·머리 둘레·지문·혈액형 등을 조사하여 한국인이 어떤 인종인지를 탐구했고 일본제국은 이러한 연구 결과를 자신들의 식민 통치를 정당화하는 근거로 동원했다.

인종과학이라는 분야는 용의자 X의 정체가 가장 분명한 사례임에 틀림없다. '식민 권력'이라는 추상적인 이름이 식민지 인종 연구를 추동한 동인이었다는 사실은 확실하기 때문이다. 그러나 '왜곡'이라는 딱지에는 여전히 물음표가 남는다. 조선인에 대해 연구한 일본제국 과학자들이 단순히 과학적 '외피'를 쓴 채 조선인의 열등성과 일본인의 우월성에 대한 담론만을 생산하지 않았기 때문이다.

예를 들어 1930년대 일본의 체질인류학자들은 과거의 연구자들이 '인종주의적 편견'에 빠져 중립적인 과학 연구를 수행하지 못했다고 비판했다. 뿐만 아니라 일본제국 과학자들은 두 민족 사이의 경계를 흐릴 위험에도 불구하고 일본인과 조선인 사이의 생물학적 유사성을 종종 보고했는데, 그 횟수는 조선인의 열등성에 대한 연구만큼이나 잦은 것이었다. 이는 일제 식민 권력이라는 용의자 X가 어떻게 과학적 내용을 왜곡했는지 묻기보다, 인종적 위계와 '일선동조日鮮同祖' 따위가 당연한 것으로 여겨지던 사회 속에서 과학 연구들이 어떻게 만들어졌는지를 살피는 일이 더 중요함을 시사한다.

이 장에서는 조선인에 대한 일제의 인종과학 연구사를 통해 인종 연구가 수행되었던 시대의 단면을 살펴본다. 여기에는 '황인종'이라는 관념이 만들어지고 그에 따른 연구들이 수행된 18세기 말부터 20세기 초까지 서구 과학자들의 아시아인 연구와, 이러한 개념을 받아들여 조선인의 체질·기원·질병 발생률·범죄율 등을 연구한 일본제국 인종과학자들의 연구를 추적하는 일이 포함된다.

‘과학적 개념’으로서 아시아 인종의 등장

옆의 그림은 독일의 『마이어스 백과사전Meyers Konversations-Lexikon』 1885년 판에 실린 세계인종지도다. 여기서 아시아 대륙은 노랗게 칠해져 있다. 서양인들은 물론이고 우리를 포함한 아시아인들도 스스로를 황인종이라 부르는 것을 당연하게 여긴다. 그 이유를 물으면 으레 “피부색이 노랗기 때문”이라고 답한다.

그러나 정말로 우리의 피부가 노란색인지 생각해 보면, 황인종이란 말은 흑인종이나 백인종만큼이나 자연스럽지 않다. 살색과 노란색을 비교해 보라. 그리고 계절의 변화에 따른 피부색 변화를 생각해 보라. 내 피부가 노랗던 적이 있었는가?

그렇다면 다음과 같은 질문이 제기된다. 아시아인들은 대체 언제부터 황인종이라고 불리게 되었을까?

18세기만 하더라도 유럽인들은 인도인을 제외한 다른 아시아인들을 노란 피부를 가진 사람들로 생각하지 않았다. 15~18세기 동안 아시아를 다녀온 서양 선교사들과 상인, 그리고 탐험가들은 중국과 일본에 사는 사람들의 피부색이 “하얗다”고 보고했다. 이와 함께, 낮은 계층이거나 기독교를 믿지 않는 중국인이나 일본인의 피부를 올리브색, 갈색, 구리색, 검은색 등으로 묘사했다. 기독교의 강력한 영향력 속에서 유럽인들은 기독교를 믿는지 여부에 따라 피부색을 판별했던 것이다.

과학사학자 마이클 키박Michael Keevak에 따르면 황인종이란 용어가 광범위하게 퍼지게 된 것은 1795년 자연학자 요한 블루멘바흐Johann Friedrich Blumenbach가 『인류의 자연적 다양성에 대하여De Generis Humani Varietate Nativa』에서 인종 분류를 제시하면서부터였다고 한다. 체질인류학 혹은 생물학적 인류학의 아버지라 불리는 블루멘바흐는 두개골 측정 연구를 통해 세계의 인종을 백인—코카서스인Caucasoid, 황인—몽골인Mongoloid, 갈

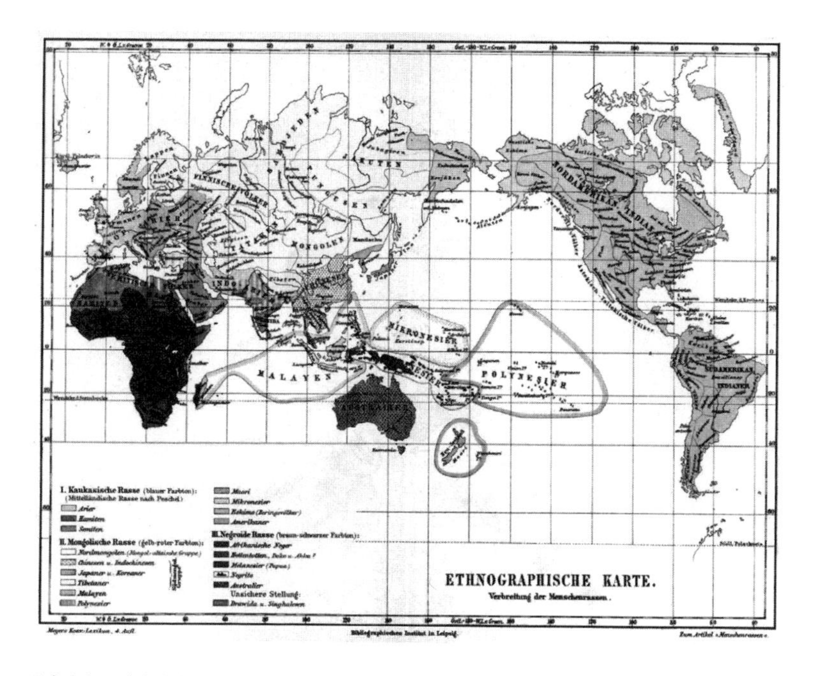

『마이어스 백과사전』 1885년 판부터 1890년 판까지 실려 있던 세계인종지도. 아프리카인은 흑인, 아시아인은 황인, 유럽인은 백인, 아메리카 원주민은 적인赤人이라는, 피부색에 기초한 인종 분류가 지도에 반영되었다. 1839년부터 출간된 이 백과사전은 1984년을 마지막으로 『브로크하우스 백과사전Brockhaus Enzyklopädie』과 합쳐졌다.

인褐人—말라야인Malayan, 흑인—에티오피아인Ethiopian, 적인赤人—아메리카인American으로 분류했다.

이후 황인종—몽골인종이란 분류에 기초한 의학 연구들이 전개되면서 이 같은 인종 분류는 더욱 강화되었다. 유럽의 의사들은 몽고반점, 몽고인 눈매 등에 대한 연구를 통해 몽골인종의 특징들을 계속해서 '발견'해 나갔다. 백인의 눈매와 골격만이 정상으로 간주되는 상황에서 몽골인종의 눈매 등은 비정상이자 아직 백인으로 진화되지 못한 상태의 증거로 보였다. 몽고반점이 없는 몽골인종 아이나 몽고인 눈매를 갖지 않은 아시아 인종

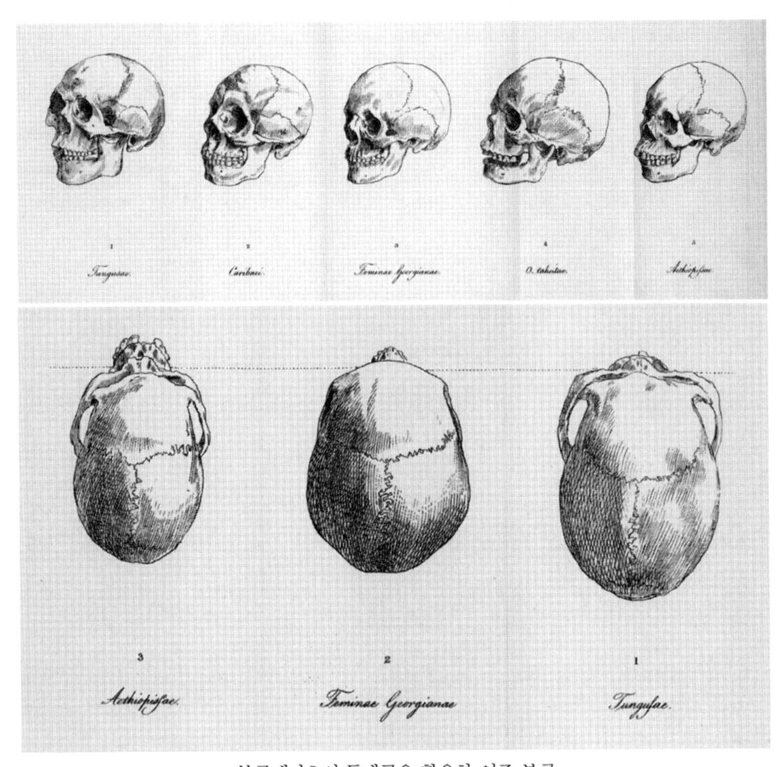

블루멘바흐의 두개골을 활용한 인종 분류

들의 사례가 끊임없이 보고되었는데도 말이다.

이 황인종—몽골인종 관념은 당시 한창 득세하던 사회진화론과 결합해 '흑인보다는 진화했지만 백인보다는 덜 진화한 인종'이란 생각의 근거가 되었다. 유럽 의사들은 몽고반점을 덜 진화된 흔적으로 보았으며, 몽고인 눈매를 가진 백인은 덜 완성된 백인이라고 믿었다.

황인종—몽골인종 프레임에 기초한 의학 연구의 결과를 가장 잘 보여주는 것은 염색체 질환인 다운증후군Down's syndrome이다. 1866년에 다운증후군이란 이름이 붙기 전까지 이 병은 몽골리즘mongolism이라 불렸는데, 이 병에 걸린 백인 아이들이 몽골인종의 눈매처럼 보였기 때문이다. 19세기 말 유럽의 의사들은 몽골리즘이 알 수 없는 병인으로 인해 몽골인종으로 '퇴화'하면서 발생하는 결과라고 보았기 때문에, 황인종보다 진화한 백인에게만 몽골리즘이 발병한다고 생각했다.

이렇게 만들어진 황인종—몽골인종 분류와 과학 연구들은 19세기 말 중국과 일본, 조선으로 흘러들어가 만주인이나 조선인 같은 몽골 세부 인종에 대한 과학 연구를 진척시켰다. 그중 하나가 바로 일본제국의 조선인종 연구였다.

일본제국 인종과학의 딜레마

중국 근현대 과학사를 연구한 프랭크 디쾨터Frank Dik?tter에 따르면, 19세기 말엽에 백인종—코카서스인, 흑인종—에티오피아인, 황인종—몽골인이라는 인종 분류가 청나라(중국)와 일본에 전해졌고 이후 조선으로 흘러들어 왔다. 유교문화권이었던 이 3국에서 인간의 종류와 그에 따른 세계 분류는 유럽의 인종 분류 체계와는 완전히 다른 것이었다. 유교의 문법 속에서 세계는 공자를 따르고 천자를 받드는 '중화中華'와 그것을 따르는 문명 지역들, 그리고 그것을 따르지 않는 오랑캐 혹은 야만인의 지역들로 분류되었다. 인간은 문명인이거나 야만인, 두 종류 가운데 하나일 수밖에 없었다.

3국의 입장에서 볼 때, 세계에 여러 인종들이 존재하고 이들이 생물학적·문화적으로 우월하거나 열등한 종으로 나뉘며 자신들이 그중 중간 정도에 해당하는 열등한 인종에 속한다는 생각을 받아들이는 것은 과학사학자 토마스 쿤Thomas Kuhn이 말한 '패러다임 전환paradigm-shift'을 요구하는 일이었다. 사회진화론과 생물학, 비교해부학을 포함한 근대의학을 수용하면서 일본과 중국, 조선의 지식인들은 점차 과거의 인간관을 버리고 인종 개념을 수용하기 시작했다.

메이지유신 이후 '탈아입구脫亞入歐'를 내세우며 3국 가운데 가장 먼저 서구적 근대화를 시도한 일본은 인종 관련 연구 또한 최초로 시작했다. 그러나 이러한 연구들을 검토하기에 앞서 일본제국의 인종과학자들이 처했던 딜레마부터 언급할 필요가 있다.

과학사학자 사카노 토오루坂野徹와 사회사학자 정준영이 지적하듯이, 지리적으로나 외형적으로 자신들과 전혀 다른 인종(아프리카인과 아시아인)을 연구했던 서양의 인종과학자들과 달리 일본제국의 인종과학자들은 외형적으로 자신들과 비슷한 아시아인들을 연구해야 했다. 특히 조선이나 중국 동북부 지역은 일본과 더불어 유교 문화를 공유하던 왕조국가들이어서, 그들을 토인土人으로 손쉽게 묶어 버리고 비하하기가 쉽지 않았다.

결국 일본 인종과학자들은 자기들과 생김새나 문명 수준이 유사한 조선, 대만, 만주 등 식민지 지역 인종들과 일본인들 사이의 생물학적 근친성을 가정하고 이에 기초한 동화주의同化主義를 주창했다. 조선인과 일본인의 조상이 같다는 '일선동조론'은 동화주의의 대표적인 예이다.

그런데 그들은 한편으론 식민지 지역 인종들이 일본인들과 동일한 생물학적·문화적 뿌리를 갖고 있다고 주장하면서도, 다른 한편으론 일본제국의 지배를 정당화하기 위해 저들이 일본인보다 열등한 인종이라고 주장해야만 했다. 식민지 주민들이 자신들과 생물학적으로 동일하다는 사실을 보여 주면서 동시에 열등하다는 것을 증명해야 하는 딜레마에 빠졌던 것이다. 이는 일본의 인종과학이 왜 어떨 때는 조선인과 일본인 사이의 생물학적 유사성을 강조하고 또 어떨 때는 차이를 부각시키며 조선인이 열등하다고 강변하게 되었는지, 그 이유를 이해하는 데 결정적 실마리를 제공해 준다.

이러한 딜레마를 배경으로 두고 조선인종에 대한 일본제국 과학자들의 연구들을 살펴보자. 먼저 인종의 성격과 기원에 대해 탐구하는 인류학 분

스웨덴 백과사전(1904년 판)의 아시아 인종 구성도. 각 인종/종족의 대표적 모습이 지리적 위치에 따라 배치되었으며 중국인, 조선인, 일본인과 아이누는 동북쪽에 있다. 몽골인종 사이의 민족적 차이를 강조하기 위해 수염과 전통의상을 자세히 묘사해 놓은 것이 눈에 띈다.

야 연구들부터 간단히 훑어보기로 한다.

일본의 초기 인류학은 지금과 달리 생물인류학, 문화인류학, 고고학, 민속학 등을 구별하지 않고 인류 일반에 관한 여러 사항을 모두 상세히 조사하는 '인류의 이학人類の理學'이었다. 이러한 전통 하에 토기와 고인돌을 비롯한 고고학적 유물 조사, 두개골의 크기와 신장 및 기타 인체의 각 부위를 측정하는 인체 계측, 그리고 풍습과 생활습관 등에 대한 조사에 이르기까지 동아시아 민족들에 대해 광범위하고 기초적인 연구를 실시한 인물이 바로 인류학자 도리이 류조鳥居龍藏이다.

1890년대 후반부터 도리이 류조는 한반도가 동북아 인류학 연구의 시작점이어야 하지만 아직 학문적으로 탐구되지 않은 '암흑세계'라고 말하며, 한반도에 대한 철저한 조사를 바탕으로 아시아 대륙 전체의 인종에 대한 연구를 수행해야 한다고 역설했다. 그가 이러한 꿈을 실현할 수 있는 기회는 1910년 한일강제병합 이후에 찾아왔다. 그는 조선총독부 초대 총독 데라우치 마사타케寺內正毅의 협조로 조선총독부 촉탁의 지위를 얻어 1910년부터 6회에 걸친 현지 조사를 실시하였다.

조사 과정에서 그는 사진사, 화가, 통역, 헌병대를 이끌고 약 3천여 명의 조선인들을 대상으로 신체 각 부위를 측정하였다. 도리이의 체질인류학적 연구 결과는 현재 일부 사진 자료를 제외하곤 남아 있지 않은데, 이 때문에 일부 역사가들은 당시 조사가 그다지 성공적이지 않았던 것으로 보인다고 평가하기도 한다. 그러나 도리이가 남긴 '조선인'에 대한 프레임은 이후에도 그대로 유지되었다.

여기에서 우리는 일본 인종과학자들이 직면했던 딜레마의 구체적인 모습을 발견하게 된다. 도리이는 3.1 운동 직후인 1920년에 게재한 한 논고에서 이렇게 말했다.

> "조선인은 이방인이 아니며 우리와 조상을 같이하는 동일민족이다. 역사시대에 들어와서 조선과 일본은 각각 구별되었지만 원시시대나 유사 이전에는 서로 관계가 밀접하였으며, 일본인은 오히려 조상의 나라로서 조선을 바라보았고 조선을 어머니의 나라로 불렀다."

이런 발언은 조선인과 일본인을 동일한 대상으로 간주한다는 점에서 인종차별적으로 보이지 않을 수 있다. 식민지인의 열등성에 대한 내용을 조작하려고만 하는 용의자 X나 어용과학자의 발언이라기엔 잘 납득이 가지 않는 대목이다. 그러나 도리이는 일본인과 조선인의 생물학적 동일성을 주장한 이 '조선인론'을 통해 제국의 일등 신민인 일본인과 이등 신민이자 식민지인인 조선인 사이의 문화적, 체질적 구별점을 만들어 냈다.

도리이 류조의 조선인 체질인류학 조사(1914년 경) 당시 촬영된 서산 지역 백정 남녀 10명의 신체 측정 사진들. 국립중앙박물관 소장.

도리이는 일본인의 문화적, 체질적 원형을 조선인에게서 발견할 수 있을 것이라 믿고 이를 찾아내는 '과학적' 연구들에 초점을 맞추었다. 고고학사 연구자 배형일의 설명에 따르면 도리이는 일본인종의 기원이 된 조선인이 만주의 선주민이자 "원시 인종"인 퉁구스계이며, 비록 뿌리는 같지만 진보한 일본인과 달리 원시 상태에 멈춰 있는 정체되고 낙후한 인종이라고 보았다. 따라서 조선인에 대한 생물학적, 문화적 조사들은 현대 일본인의 기원을 밝히는 열쇠가 될 것이었다.

도리이의 프레임을 공유한 인종과학 연구들은 크게 두 방향으로 진행되었다. 하나는 조선인을 야만적이고 비문명적인 원시 인종으로 규정하고 그 '실체'를 드러내는 것, 다른 하나는 일본인과 조선인이 동일한 조상을 가진 하나의 집단임을 보이는 것이었다. 전자의 대표적 사례가 1910년대 중후반 일본 체질인류학자들의 연구였고, 그중 가장 악명 높은 인물이 바로 구보 다케시久保武였다.

그는 대한의원 교육부 해부학 주임교수로 초빙되어 조선에서 자리 잡은 뒤 1916년에는 경성의학전문학교 해부학 교수로 부임했다. 이후 조선총독부의 '협조'를 얻어 순사보와 헌병보조를 동원한 강압적 방식으로(또는 진료를 해 준다는 속임수로) 전국 규모의 조선인 신체검사를 실시했고, 그 결과 확보한 3천425명의 데이터를 토대로 1910년대 말까지 여러 논문들을 출판했다.

구보 다케시의 연구는 수차례 논란을 불러일으켰다. 그의 연구가 조선인에 대한 강한 인종적 편견에 기초해 이루어졌기 때문이다. 그는 조선인이 해부학적으로 야만인에 가까우며 역사적으로 보아도 국민성이 나쁘다고 주장했다. 또한 조선인의 신장이 (일본인보다)크고 근육질인 것은 지게를 지는 데 알맞도록 만들어졌기 때문이라고 주장했다. 그는 조선인이 뇌가 작아 지적 결함이 있다는 결론을 이끌어 내기 위해 얼굴 모양과 피부 두께를 측정하고 여성의 유두와 음모의 모양에 따른 임신성공률을 측정하는 등 계속해서 조선인의 인종적 열등성과 야만성을 증명하는 데 몰두했으며, 이는 조선인 학생들뿐 아니라 동료 일본인 연구자들 사이에도 반감을 불러왔다.

이외에도 경성제국대학 의학부(서울대학교 의과대학의 전신)가 설립되는 1926년 전까지 상당수의 체질인류학 연구들이 한반도 내 일본인 연구자들에 의해 이뤄졌는데, 연구의 초점은 '식민지 경영'이라는 실용적 필요에 의한 계측이 대부분이었다.

딜레마의 해소? : 남부 조선인과 북부 조선인

3.1 운동의 여파로 조선총독부는 이전의 억압적인 무단통치 정책을 포기하고 문화통치로 전환했으며, 그 일환으로 1924년 식민지 조선의 중심인 경성에 최초의 4년제 대학인 경성제국대학을 설립했다. 여기에 의학부가 설립된 1920년대 후반부터 조선인에 대한 인종 연구가 한층 심화되었다.

해부학교실의 우에다 츠네키치上田常吉와 이마무라 유타카今村豊를 위시한 해부학자들은 조선인에 대한 체질인류학적 연구에, 법의학교실의 사토 다케오佐藤武雄와 법의학자들은 혈액형인류학 연구에, 위생학교실의 미즈시마 하루오水島治夫와 인구학자들은 유아사망률을 비롯하여 조선인 인구집단의 출생과 사망에 관한 통계자료 확보와 원인 탐구에 심혈을 기울였다. 그리고 경성제대 바깥에서 경성부인병원을 운영하며 72편이 넘는 산부인과 관련 논문을 출판한 산부인과 의사 쿠도 다케시로工藤武城는 조선인 여성의 영아 살해와 남편 살해에 담긴 '조선적 특징'을 탐구했다. 이들의 인종과학 연구는 일본인과 조선인의 동일성과 둘 사이의 위계적 관계에 대한 '과학적' 증명이었다.

해부학교실의 우에다와 이마무라 그리고 동료 체질인류학자들은 구보 다케시가 인종적 편견 때문에 편향된 과학 연구를 수행했다고 비판하며, 자신들은 엄밀한 통계학적 방법을 통해 과학적이고 가치중립적인 인종 연구를 수행하겠다고 천명했다. 이마무라와 그의 제자들은 여름방학 기간 동안 조선 전국의 신체 계측 조사에 나섰으며, 1930~1932년 사이에 조선 팔도에서 도별로 100~400명의 조선인 남녀를 대상으로 신장을 비롯한 사지와 머리 길이, 코와 귀의 길이 등을 측정하는 작업을 펼쳤다. 때때로 법의학교실의 사토와 다른 법의학자들도 조사에 공동으로 참여해 혈액을 채취하곤 했다.

이 같은 대규모 조사의 종합적 결과물은 1934년 〈조선의학잡지〉에 경성제대 해부학교실 이름으로 게재한 「조선인에 대한 체질인류학적 연구」라는 두 편의 논문이었다. 논문에선 수집 결과를 조선 북부·중부·남부로 구별하고 각 지역 사이의 차이를 측정하여 조선 내에서도 지방에 따라 체질인류학적 차이가 존재한다고 보고했으며, 이 데이터를 일본인과도 비교하였다.

법의학교실의 사토와 법의학자들 역시 1934년까지 함경도와 평안도를 북부로, 강원도를 중부로, 경상남도와 전라남도 그리고 제주도를 남부로 나눠 약 2만5천 건의 혈액 샘플을 채취하고 그 결과를 〈범죄학잡지〉에

「조선인의 혈액형」이란 제목으로 게재했다. 여기서도 해부학교실의 연구 결과와 마찬가지로 북부와 중부, 남부 사이에 차이가 존재한다고 보고되었다.

이 연구 결과들은 앞서 언급한 일본 인종과학의 딜레마와 관련해 한 가지 해법을 제시했다. 조선 중부와 남부에 거주하는 조선인들은 일본인들과 상대적으로 '근친'이고, 조선 북부에 거주하는 조선인들은 북쪽 대륙에서 온 야만인들에 가까운 집단이라는 설명이 그것이다. 이런 논리는 해부학교실의 우에다가 1935년에 〈일본민족〉에 게재한 「조선인의 일본인에 대한 체질 비교」에서 잘 드러난다. 여기서 그는 1934년의 데이터를 활용하여 조선 북부인과 남부인 사이보다, 그리고 일본 본토의 일본인들 사이보다 중부 조선인과 본토 긴키近畿(간사이) 지역 일본인 사이가 체질인류학적으로 더 가깝다고 보고했다.

이를 근거로 우에다는 한반도에서 도래한 집단에 의해 긴키 지방이 정복당했고, 호쿠리쿠北陸나 간토關東 지역에는 선주민족인 조몬인이 그대로 남았다는 '일본인 혼합민족설'을 주장했다. 이에 따르면, 조선 중부인은 일본 긴키 지방에 거주하는 일본인들의 조상이었다. 법의학교실의 사토 또한 혈액형 연구를 통해 약간은 다르지만 비슷한 결론을 도출했다. 조선 북부에서 남부로 내려올수록 일본 본토의 일본인들과 혈액형 비율에 따른 인종적 구성이 더욱 유사하다고 결론지었던 것이다.

이렇게 경성제대 해부학교실과 법의학교실의 인종과학자들이 조선인과 일본인 사이의 연관성을 만들면서도 동시에 둘 사이의 위계적 차이를 만드는 작업의 기반을 마련했다면, 경성부인병원의 쿠도 다케시로는 산부인과학 연구를 통해 북부 조선인들의 야만성을 '증명'했다. 역사학자 홍양희의 설명에 따라 쿠도의 연구를 찬찬히 살펴보자.

쿠도는 「부인에 관한 법의학」 「조선 특유의 범죄」 「조선 부인 영아 살해의 부인과학적 고찰」 같은 이름의 연구들에서 조선 여성 범죄자 가운데

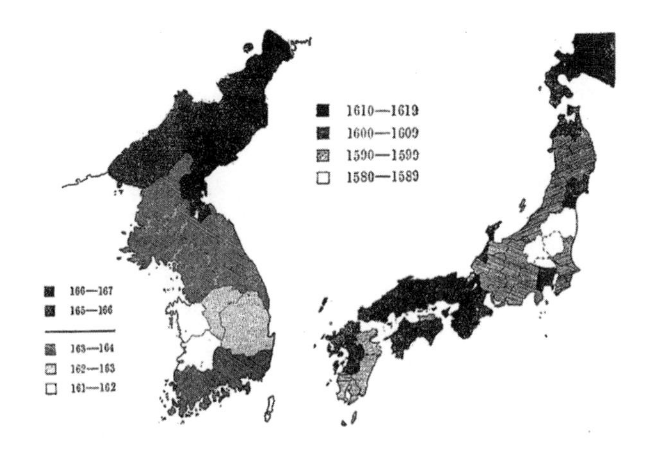

우에다 츠네키치가 「조선인의 일본인에 대한 체질비교(朝鮮人と日本人との體質比較)」(『일본민족(日本民族)』, 1935)에서 제시한 도표들. 경기 북부, 중부, 남부 사이의 신장 차이(좌)와 일본 본토 학생들을 대상으로 수행한 계측치(우)를 지도에 표시했다. 그는 긴키 지방 일본인들의 신장과 조선 중남부 지방민들의 최저 신장 사이의 밀접성을 지적하며 두 지역 인간 집단 사이의 생물학적 연관관계를 시사했다.

남편 살인범의 비율이 독일, 프랑스, 일본 내지內地, 대만보다 압도적으로 많다는 점을 '발견'하고, 이것은 여타 민족들에서는 발견하기 어려운 조선적 특이성이라고 보았다. 이는 "민족적, 지방적 인자"인 "조혼, 이혼 불가능, 여성의 인격 무시" 등에서 비롯된 것으로, 이러한 남편 살해를 그는 조선 인종의 "민족병"이라고 불렀다. 월경을 시작하기도 전에 일찍 결혼을 시키는 풍습, 과부가 된 뒤엔 성관계를 하지 못하도록 재혼을 막는 조선의 낙후된 관례들이 조선인 여성들의 생리적·심리적 병리화를 가져오고, 나아가 남편을 살해하는 범죄를 저지르게 만든다는 것이다.

쿠도는 남편을 살해한 조선인 여성들의 도별 비율을 검토한 후, 야만적인 남편 살해 범죄가 북쪽으로 올라갈수록 높아지고 남쪽으로 내려갈수록 낮아지는데 이는 법의학교실의 사토가 수행한 혈액형 연구 결과와 부합한다고 판단했다. 뿐만 아니라 초경 연령에 대한 도별 조사도 실시하여 북부 조선인 여성은 초경일이 남부 조선인 여성보다 늦으며, 남부 조선인 여성은 일본인 여성들과 초경일이 더 유사하다고 보고했다.

쿠도는 이를 종합하여 남편 살해범 비율, 혈액형, 초경일, 체질 관련 수치 등 모든 영역에서 남쪽 조선인은 일본인에 가깝고 북쪽 조선인은 일본인과 멀다는 결론을 내렸다. 남부 조선인은 일본인과 근친이며 일본인과 멀수록 야만적이고 낙후되었다는 도식이 여성 범죄 및 여성 생리현상과 관련해서 다시금 반복되었던 것이다.

일본의 인종과학 연구는 일본인과 조선인의 동일성을 강조하면서도 둘 사이의 문화적·생물학적 위계에 기초한 사회정치적 가정들을 전제하고 이루어졌기에, 모순들이 누적되었던 것은 당연했다. 일례로, 쿠도는 남편 살해를 조선 풍습에서 비롯된 조선인 전체의 '민족병'이라고 부르면서도 그러한 민족병의 '발병 비율'이 북쪽에서 현저하게 높고 남쪽에서는 낮다는 모순되는 주장을 폈다. 이를 정당화하는 기제는 조선인의 야만성과 일본인의 문명성에 대한 인종차별적인 전제뿐이었다. 이러한 모순적 설명은 경성제대 위생학교실 미즈시마와 동료 인구학자들의 조선인 유아사망률 연구에서도 발견된다.

과학사학자 신창건은 미즈시마가 조선인 유아사망률에 얽힌 난제를 풀어내는 방법을 탐구했다. 1934년 〈경성일보〉에 실린 한 논고는 조선인의 유아사망률이 일본 본토보다 낮은 것을 두고 '수수께끼'라고 표현했다. 조선은 위생환경이 매우 열악하고 미개한 후진국이므로 유아사망률도 당연히 높아야 하는데 거꾸로 일본보다 더 낮게 나온다는 사실 때문이었다. 바꿔 말해, 유아사망률 통계가 참이라면 제국 일본 본토가 식민지 조선보다 후진국이라는 '말도 안 되는' 결론에 도달하기 때문에 이를 수수께끼라고 서술했던 것이다.

미즈시마는 이 수수께끼를 '과학적' 방법을 토대로 해결했다. 그는 조선의 유아사망률이 낮은 것은 조선인들이 아이의 출생과 사망을 신고하지 않고 사망한 유아를 몰래 묻어 버리는 전근대적 관습에 젖어 있기 때문이라고 판단하고, 이러한 구습을 고칠 수 있는 경찰 제도가 철저히 확립된 경성에서만 사망신고 누락이 비교적 적다고 주장했다. 그리고 조선의 낮은 유아사망률의 토대가 되는 농촌 지역 데이터를 모두 과학적이지 못한 자료로 치부하고, 경성부의 유아사망률만을 토대로 조선 전체 인구에 대한 생명표를 작성했다.

하지만 조선인들이 유아 암장의 전통을 고수했다는 주장의 근거는 어디에도 없었다. 이 주장의 유일한 기반은, 낙후되고 구습에 가득 찬 지역인 식민지 조선의 유아사망률이 선진 일본의 본토보다 높게 나와야 한다는 '논리적' 가정뿐이었다.

소결

인종차별주의 시대의 인종과학

18세기 말 블루멘바흐에 의해 황인종—몽골인종이란 인종 분류가 확립된 이후, 유럽의 과학자들은 몽골인종의 인종적 특징에 대한 연구들을 진행했다. 의사들은 황인종이 백인종보다 덜 진화한 인종이라는 전제 하에 몽고반점, 몽골인 눈매, 몽골리즘(다운증후군) 등에 대해 연구했다. 이에 기초해 황인종—몽골인종에 대한 '과학적'이고 사회적인 이해가 축적되는 가운데, 19세기 말 황인종—몽골인종이란 인종 분류가 동아시아 3국에 들어왔다. 이후 세부 인종으로 여겨지던 조선인, 만주인, 중국인 등에 대한 연구가 본격적으로 진행되었다.

이 가운데 가장 두각을 보였던 것은 조선인에 대한 일본제국 과학자들의 인종과학 연구였다. 일본제국의 조선 식민화 정책의 논리인 '일선동조론'에 동의하면서도 조선인의 신체적·문화적 열등성을 강조하는 프레임이 1890~1920년대에 걸쳐 인종과학자들 사이에 자리 잡았고, 이에 기초해 조선인의 열등함과 야만성을 주장하는 체질인류학 연구들이 구보 다케시 등에 의해 이루어졌다.

1930년대 이후 조선인 인종 연구를 주도한 경성제대 의학부의 과학자들은 구보 다케시와 같은 이전 인종과학자들의 인종적 편견을 비판하며 객관적이고 중립적인 연구를 수행하겠다고 천명했지만, 북부 조선인과 남부 조선인을 구별하고 후자가 일본인과 더 근친 관계에 있다고 결론지은 그들의 연구는 내선일체를 정당화하는 동시에 조선인들의 열등성과 야만성도 설명할 수 있는 토대가 되었다. 그들의 연구 역시 일선동조론과 인종의 위계에 대한 가정이 기본 프레임으로 놓인 상황에서 이루어졌던 것이다.

산부인과학과 위생학 영역에서의 인종과학 연구들 또한 이 프레임 하에서 이루어졌는데, 그 결과 서로 상충되고 모순되는 연구 결론들이 도출되었다. 이러한 모순들을 봉합해 주었던 가정들은 조선인에 대한 당시의 사회문화적 전제였다.

여기서 우리는 '인종주의자들의 프로파간다propaganda'가 아닌, 인종차별주의 사회 속의 과학 연구들을 읽게 된다. 조선인에 대한 연구 결과들은 단순히 일본제국이라는 용의자 X가 어용과학자들을 동원하여 단기간에 생산해 낸 허위 정보들이 아니었다. 그것은 18세기 후반부터 오랜 시간에 걸쳐 누적된 인종적 위계에 대한 이해에서 출발했으며, 일선동조론을 내재화한 20세기 초중반의 일본인 인종과학자들이 당대의 프레임 속에서 조선인과 일본인을 '과학적'으로 이해하려 했던 노력의 산물이었다.

3장

"장애인은 없어져야 한다"
: 나치즘의 망령?

홀로코스트를 다룬 다큐멘터리 〈쇼아Shoah〉는 20만 명이 넘는 유대인들이 학살당한 헤움노 수용소Chelmno extermination camp에 억류되었던 시몬 스브레니크가 이제 숲이 되어 버린 이곳에 30년 만에 돌아와 둘러보는 장면으로 시작된다. 한참을 둘러보며 걷다 멈춰 서서 고개를 끄덕이며, 그는 다음과 같이 말한다.

"알아보긴 어렵지만, 여기였어요. 사람들을 여기에 묻었습니다. 수많은 사람들이 불태워졌어요. 네, 여기입니다. 누구도 살아 나갈 수 없었어요. 가스차가 이곳으로 왔었고… 거대한 두 개의 가마가 있었어요. 시체들은 거기에 던져졌고, 가마에서 솟아난 불길이 하늘까지 치솟았죠. 누구도 여기서 무슨 일이 일어났는지를 형언할 수 없을 겁니다. 불가능해요! … 누구도 이해할 수 없을 거예요."

2차 세계대전 동안 나치 독일은 수백만의 유대인과 수십만의 집시들을 학살하는 만행을 저질렀다. 당대의 '과학적' 인종주의를 뒷받침하던 우생학, 그리고 화학가스에 대한 당대 최신 응용화학 연구들을 비롯한 과학기술이 이 인종 대학살에 기여했다. 그러나 말로 형언할 수 없는 스브레니크의 그 끔찍한 기억 가운데 장애인들의 이야기는 남아 있지 않다.

사실 그 시기 독일의 장애인들에게 과학의 이름으로 이루어진 학살은 상대적으로 무시되어 왔다. 과학사학자 헨리 프리드랜더Henry Friedlander는 유대인 및 집시와 함께 나치의 배제 정책의 주요 타깃 가운데 하나가 장애인들이었다고 지적한다. 장애에 대한 뿌리 깊은 편견이 그들의 열등성에 대한 '과학적 이론'으로 정립되면서, 장애인들은 독일 국가공동체로부터 제거되어야 할 '부적자unfit'로 간주되었다.

우리는 과학이 인종차별에 동원되었던 사례를 이미 일본제국주의의 사례를 통해 살펴보았다. 이 장에서는 나치 독일 시기에 인종 학살과 함께 자행되었으나 상대적으로 조명받지 못했던 장애인 학살에 당대 과학이 동원된 양상을 검토한다.

얼핏 보기에는 나치당을 용의자 X로 지목할 수 있는 전형적인 사례로 보인다. 하지만 장애인 학살에 관한 과학사학자들의 연구는 그것을 나치즘, 즉 국가사회주의Nationalsozialismus 이데올로기의 결과로 보기가 어려움을 시사한다. 비록 현실화되지는 않았지만, 당대 유럽의 과학자들과 의사들이 '경제적 효용'의 이름으로 장애인 안락사를 나치당 집권 이전부터 주장해 왔다는 것이다.

19세기 말부터 제국주의와 결합된 사회진화론적 사고와 우생학이 팽창하는 가운데 일부 과학자들은 정치적·사회적 문제를 과학을 통해 해결할 수 있다는 굳은 신념을 유지했다. 이에 더해, 1차 세계대전 패배 이후의 기근과 대공황이 불러온 경제적 어려움 속에서 과학자들은 '장애는 정상적이고 건강한 인간 집단의 생존을 위협한다'는 믿음을 키워 나갔으며, 경제적으로나 생물학적으로 공동체 전체에 손해가 되는 장애인들을 제거해야 한다고 주장했다. 나치라는 정치적 힘은 이러한 주장들이 현실화될 수 있는 추진체 역할을 맡았을 뿐이다.

여기서도 우리는 용의자 X가 아닌, 장애 차별 사회 속의 과학을 만나게 된다. 나치에게 조종당한 일부 의사들과 과학자들이 장애인에 대한 과학 이론들을 '날조'해 냈다기보다는, 인종 투쟁과 우생 담론이 만연하고 장애인에 대한 차별이 합리적인 것으로 여겨지던 상황에서 독일의 과학자들이 그에 관한 과학 연구들을 수행했던 것이다.

19세기 말 독일 : 사회진화론과 우생학

젠더 과학에서 그랬듯 여기서도 이야기는 찰스 다윈의 진화론에서 시작된다. 과학사학자 로버트 프록터Robert Procter에 따르면, 19세기 초반까지만 하더라도 인간 종이 서로 다를 수 있다는 생각은 '모든 인간은 아담과 이브의 후손'이라는 기독교적 관념 때문에 쉽사리 수용될 수 없었다. 그러나 1859년 『종의 기원The Origin of Species』의 출간 이후 진화론의 확산과 함께 인간의 차이에 대한 과학적 연구가 물밀듯이 일어나기 시작했다.

우생학eugenics은 인간의 차이를 탐구하려는 과학적 노력 중에서 가장 영향력 있는 학문이었다. 이 용어는 영국의 자연주의자이자 수학자인 프랜시스 골턴Francis Galton이 1883년 『인간 기관과 발달에 대한 질문Inquiries into Human Faculty and Its Development』에서 처음 사용한 것으로, 미국의 저명한 우생학자인 찰스 B. 대번포트Charles B. Davernport는 우생학을 "개량breeding을 통해 인간 종을 향상시키려는 과학"이라고 정의했다.

당시 유럽에선 급격한 산업화와 함께 범죄율과 빈곤층의 급증 같은 '사회적 퇴락social degeneration'이 문제로 대두되고 있었다. 우생학은 생물학적

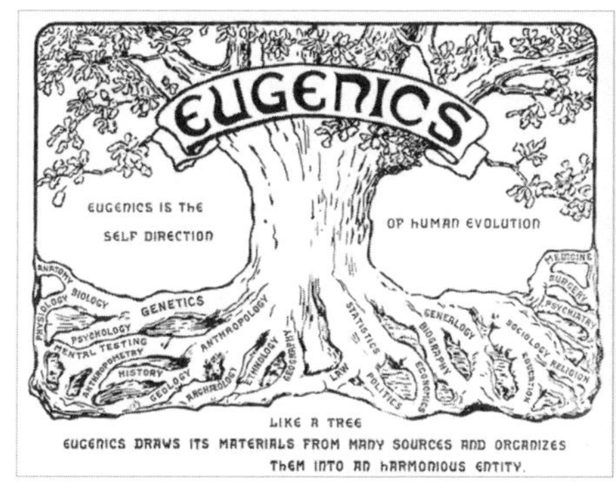

19세기 우생학 관련 도판(좌)과 프랜시스 골턴(우)

개량이라는 과학적 방법을 통해 이러한 사회적 문제를 해결할 수 있다고 발 벗고 나선 학문이었다. 대번포트를 비롯한 우생학자들은 "벙어리, 범죄자, 유전적 광인, 정신박약아, 간질 환자" 등과 같은 열등한 집단들의 증가가 인간의 진보를 가로막는다고 믿었으며, 이들 집단의 개체 수를 줄이고 부유층에 속한 우수한 집단의 개체 수 증가를 장려함으로써 인간 집단의 질을 향상시킬 수 있다고 주장했다.

우생학에는 우수 집단의 출산율을 높이는 '포지티브positive' 우생학과 열등 집단을 배제 내지 단종시키는 '네거티브negative' 우생학이라는 두 개의 경향이 있는데, 20세기 전반에 이르면 정신적·신체적으로 장애를 가진 사람들이 인구집단의 유전자 풀에서 배제되어야 한다는 네거티브 우생학적 접근이 만연하게 된다. 당시 국제 우생학 운동은 장애인 집단에 대한 강제 불임수술을 주장했다.

독일에서 우생학적 사고를 처음으로 전개한 사람은 예나대학 교수였던 에른스트 헤켈Ernst Haeckel이었다. 그는 『창조의 자연사Naturaliche Schopfungeschichte』(1868)에서 인간의 진화와 생존경쟁 간의 상관관계를 논하면서, 약자에 대한 의학적 치료가 생존경쟁에 의한 자연선택 과정을 왜곡시켜 국가의 생존을 위태롭게 만든다고 주장했다. 또 그들의 출산율이 우수한 집단의 출산율보다 높아질 경우 사회적 퇴락이 발생할 것이라고 경고했다. 그는 공동체의 이익을 위해서라면 유아 살해도 가능하다는 파격적 주장을 서슴지 않았으며, 인위적으로 삶을 유지하는 치료 불능의 지적장애인이나 암환자들을 제거하는 것은 그들을 구원해 주는 일일 뿐만 아니라 부적절한 생물학적 특질들이 유전될 가능성을 차단하는 데 효과적이라고 단언했다.

헤켈의 명제를 이어받은 알프레드 프뢰츠Alfred Ploetz와 빌헬름 샬마이어Willhelm Schallmayer는 독일 인구집단의 생존경쟁에서의 위기 및 퇴락 상황을 지적하며, 그 해결책으로 '인종위생'이라는 독일식 우생학을 주창했다. 인종위생의 역사와 그 귀결을 과학사학자들의 도움을 받아 살펴보도록 하자.

인종위생학의 등장

로버트 프록터는 독일 우생학의 출현을 1895년 알프레드 프뢰츠의 인종위생 주장에서 찾는다. 프뢰츠는 전쟁과 혁명, 장애인에 대한 사회복지 같은 다양한 사회적 '역선택counterselection'이 인종적 퇴락을 이끈다고 경고했다. 개인들에게 의료복지를 제공하는 개인 중심 위생은 개인들에겐 유익하지만, 인종집단 자체는 그 결과 퇴락하고 생존경쟁에서 밀려나 멸종 위기에 처하게 된다. 이러한 위기 속에서 새로운 종류의 위생이 요청되며, 인종위생은 바로 이렇게 개인이 아니라 인종집단 전체에게 이득이 되는 의학적 개입을 실시하는 것이다. 프뢰츠는 인종위생을 우생학과 동일한 것으로 다루며, 독일 인종집단에 위협적인 사회 부적격자들의 형질 유전을 생식 통제를 통해 억누르자고 제안했다.

빌헬름 샬마이어도 프뢰츠와 같은 입장을 취했다. 그는 「문명화된 인간의 공포스런 육체적 퇴화에 관한 논고」(1891)에서 의학적 개입이 사회적 약자와 장애인들을 구원하여 자연선택을 인위적으로 방해한다고 비판하고, 사회적 지원 없이는 생존이 불가능한 인간들의 경우 생존과 생식을 제한해야 한다고 주장했다.

프리츠는 1904년에 우생학 학술지 〈인종 및 사회생물학의 기록 보관소Archiv fur Rassen und Gesellschaftbiologie〉를 창간했으며 이듬해에는 샬마이어, 에른스트 뤼딘Ernst Rudin 등과 함께 〈인종위생협회Gesellschaft fur Rassenhygiene〉를 설립했다.

인종위생론자들은 강력한 유전결정론적 이론들로 무장했는데, 이러한 과학적 입장은 대개 이들의 사회정치적 주장들과 조응했다. 이들은 환경이 진화에 영향을 끼친다는 라마르크주의에 반대하고 바이스만August Weismann의 생식질 이론*과 멘델 유전법칙을 지지하면서, 인간 특질이 양육보다는 본성에 기초한 것이라는 주장을 바탕으로 사회적 부적격자들의 생식을 통제하자고 주장했다.

당시 인종위생 연구를 이끈 린츠, 샬마이어, 유겐 피셔Eugen Fischer는 모두 바이스만 밑에서 연구를 수행했던 사람들로, 이들은 생식질 이론을 지지하고 환경적 요소를 무시했으며 그 논리에 따라 라마르크 진화론을 비판했다. 인종위생학자 헤르만 지멘스Hermann Siemens는 「인종위생이란 무엇인가?」(1918)란 논문에서, 라마르크의 학설을 신봉하는 것은 "미신과 유전학의 근본적 관념들에 대한 명료한 이해가 부족"한 데서 비롯되는 "가장 거친 생물학적 무지"의 산물이라고 주장했다.

인종위생은 1920년대 나치의 국가사회주의와 결합하면서 급진화되었다. 나치 지도자들은 국가사회주의를 '응용생물학'이라고 말하며 인종위생학

* 독일의 생물학자 아우구스트 바이스만(1834~1914)이 1883년에 발표한 유전 이론. 생물체의 모든 세포는 생식세포와 체세포로 나뉘는데, 그중 생식세포의 원형질인 '생식질'이 자손에게 전달되어 유전을 일으킨다고 보았다.

자들의 '역선택'과 같은 용어들을 정치적 담론에 차용하고, 의사들과 생물학자들에게 독일 민족의 존폐가 달려 있다며 이들을 치하했다. 인종위생학자들 또한 나치의 정치적 활동을 "역사주의를 극복하고 생물학적 가치를 깨닫게 된 최종 단계"라고 추앙했다. 예를 들어 프리츠는 1930년에 히틀러를 "국가 정책의 중요한 요소로 인종위생을 고려한 첫 정치가이자 독일 민족의 위대한 의사"라고 찬양했다. 히틀러가 집권하기도 전인 1933년 1월에 이미 3천여 명의 의사들이 나치 운동을 지원하는 〈국가사회주의 의사연맹Nationalsozialistischer Deutscher Ärztebund〉에 가입했을 정도였다.

인종위생 연구의 뼈대가 되는 연구소들도 이 시기에 설립되었다. 대표적인 곳이 1927년 유겐 피셔가 초대 원장으로 취임한 베를린의 〈인류학, 인간 유전, 우생학에 관한 카이저 빌헬름 연구소〉와 1919년 정신분석학자 에른스트 뤼딘Ernst Rüdin이 초대 소장을 맡은 〈계보학 및 인구학을 위한 카이저 빌헬름 연구소〉였다. 후자는 뮌헨의 〈독일 정신분석학 연구소〉 부설로 설치되었다.

두 연구소 모두 범죄생물학, 유전병리학, 인간유전학에 해당되는 분야들을 연구했고, 인간의 신체적·정신적 특질에 본성과 양육이 끼치는 영향에 집중했다. 그 결과 나치가 집권하기 이전인 1932년에 인종위생은 이미 독일 과학공동체에서 과학적 정당성을 가진 과학으로 인정받게 되었다. 1932~1933년 겨울 학기에 주요 독일 대학들에 개설된 인종위생 강좌 수가 26개에 이르렀다는 사실이 이를 잘 보여 준다.

인종위생학자들은 장애인을 비롯한 열등 집단들에게 불임수술을 시행하여 더 이상 자손을 낳지 못하게 함으로써 독일 인종의 유전자 풀에서 부적절한 요소들을 제거하기를 주장했고, 당대에 이러한 주장은 그럴듯한 과학적 의견으로 받아들여졌다. 프리츠는 심지어 단종을 통해 열등 집단의 유전적 형질을 제거하는 일이 인구집단 전체를 위한 진정한 '인도주의'라고까지 주장했고, 많은 공감을 얻었다.

어떻게 사람들을 단종시키는 일이 인도주의적 처치로 간주되었을까? 이를 이해하기 위해서는 당시 독일의 사회정치적 맥락을 자세히 살펴보아야 한다.

나치 이전의 독일 : "장애인은 쓸모없는 입"

19세기 말 무렵에 이미 유럽에는 '적자fit'와 '생산적'인 개인들을 양육하여 집단의 진보를 꾀해야 한다는 주장과 함께 '부적자unfit'와 '비생산적' 유기체라는 관념이 존재했다. 우생학과 그에 기초한 정책들의 핵심은 이 '덜 가치로운' 것들에 주어지는 사회적·경제적 자원을 '가치로운' 것들에게 집중하자는 제안이었다.

그러나 장애학 연구자 패트리샤 허버러Patricia Heberer는 독일에서 이러한 관념들이 대중화되고 정책의 수준으로까지 파고든 시기는 제1차 세계대전 이후라고 지적한다. 비록 장애인을 사회 구성원의 일부로 보지 않고 요양원 등 사회 바깥에 격리시켰다는 데서 한계를 갖지만, 어쨌든 1차대전 이전까지만 하더라도 장애인을 비롯한 사회적 약자들을 배려하는 정책은 인권의 중요성을 강조하는 계몽주의의 영향 하에서 당연한 것이었다. 19세기 말 독일 정부는 요양원이나 교회 복지시설 후원을 통해 사회복지의 수요를 충족시키려 노력했고, 그 결과 공립요양소는 1877년 93개에서 1913년 226개로 늘어났다.

1914년에 일어난 제1차 세계대전은 장애인에 대한 상황과 태도를 변화시켰다. 전쟁 물자 공급이 국가지출의 우선순위가 되자 장애인 집단을 보조하기 위한 사회복지 비용이 우선적으로 감소했고, 그 결과 식량 공급에 어려움을 겪던 많은 요양소들이 파산하고 문을 닫게 되었다. 문을 닫지 않은 요양소들 또한 난방과 의류 관련 예산이 삭감되는 상황을 맞이했으며, 폐쇄된 요양소의 장애인들이 대거 유입되면서 위생 조건이 악화된 결과 장애인들 사이에서 전염병이 만연하여 사망률이 급증했다. 전쟁 전 5.5%이던 요양소 내 장애인의 연간 사망률은 전후 30%로 증가했다.

전쟁과 그에 따른 궁핍은 장애인 집단에 대한 사회적 편견이 팽배해지는 결과를 낳았다. '적자'인 '생산적' 독일인들은 모두 전선에서 사망하고 감옥이나 병원, 복지시설의 '부적자'인 '비생산적' 독일인들만이 살아남았다는 인식이 만연하게 되었다. '가치로운' 시민들이 조국을 위해 희생한 반면 '불능의' 개인들은 살아남아서 국가재정이나 낭비하고 있다는 것이었다.

이렇듯 전쟁은 국가에 기여할 수 있는 건강한 국민과 기여할 수 없는 병든 국민이라는 이분법적 시각을 낳았고, 기여 능력이 없는 장애인들 대신 건강한 국민들에게 경제적 자원을 공급해야 한다는 논리가 득세하게 만들었다. 이와 함께 인플레이션과 실업, 노동쟁의를 비롯한 경제적 위기 속에서 경제적인 척도로 인간을 평가하는 경향이 강화되었다. 국가경제 회복에 기여하는 능력에 따라 인간의 가치가 평가되기 시작하면서 장애인들은 몰가치한 존재들로 간주되었고, 장애인에 대한 복지 비용을 줄여야 한다는 인식이 정부와 일반 대중, 그리고 의료전문가 전체에 걸쳐 광범위하게 공유되었다.

게다가 대다수 요양원들이 문을 닫으면서 장애인들이 집으로 돌아오자 그들의 사회 진입을 막아야 한다는 여론이 거세게 일었다. 사람들은 장애인들이 드물게 보였던 '부적절한 공공행위'를 범죄 행위로 간주하면서 차츰 장애와 범죄를 등치시키기 시작했다. 혹자는 정신장애나 신체장애가 당사자들의 악한 천성과 범죄 경향을 보여 주는 생물학적 상징이라고 주장하기도 했다. 장애는 범죄와 마찬가지로 사회적 짐이자 불필요한 사회적 비용을 지출해야 하는 대상으로 격하되었다.

1920년대 말부터 1930년대 초 사이에 발생한 대공황은 장애인에 대한 이 같은 인식이 실천으로 옮겨질 수 있는 사회 분위기를 조성하였다. 대공황에 의해 6백만 명이 넘는 실업자가 양산되었고, 장애인에 대한 사회복지 정책은 국가경제 효율성을 떨어뜨리는 주범으로 지목되었다. 대중잡지 〈민족과 인종Volk und Rasse〉에 실렸던 한 장애아의 사진에 대한 설명이 당시의 분위기를 잘 보여 준다.

> "선천적 귀머거리에다 절름발이이고 정신지체인 이 세 살배기에게 베를린 시는 매일 8마르크를 지원해 주고 있다. 그의 실업자 아버지와 다섯 가족은 한 주에 오직 24마르크만 받고 그중 절반을 주택 임대비로 사용하는데도 말이다."

이러한 사회적 분위기 속에서 장애인과 같은 열등한 집단의 비율을 단종 등을 통해 줄이자는 인종위생학자들의 주장은 강력한 힘을 얻게 되었다. 장애인을 "살 가치가 없는 존재"로 정의하고 이들을 안락사시켜야 한다는 주장은 당시 학계와 대중 일반의 장애인에 대한 시선을 여실히 보여 준다.

1920년에 칼 바인딩Karl Binding과 알프레드 허셔Alfred Hoche는 『가치 없는 삶의 파괴에 대한 허용』에서 삶의 감각이나 의지를 전혀 지니지 않은 "치료 불가능한 천치들"로 보이는 장애인들을 안락사시켜야 한다고 주장했다. 그들은 다음과 같이 자신들의 논지를 전개했다.

> …생명은 그 자체로 존엄해서 존중받아야 하는 것이 아니라, 살아야 할 정당한 이유가 있어야만 한다. 살 권리는 주어진 게 아니라 노력을 통해 획득되는 것이다. 삶의 권리는 사회에 대한 유용한 경제적 기여를 통해 얻을 수 있다.

이러한 관점에서 볼 때 장애인들은 그야말로 "쓸모없는 입"이었다. 장애

인들은 그들의 가족 및 친지들과 사회 전체에 무거운 짐을 부여하는 존재였고, 사회에 기여하지 못할 바엔 차라리 안락사 당하는 편이 나았다.

나치의 집권과 단종법

1892년에 정신분석학자 아우구스트 포렐August Forel이 장애인들에 대한 불임수술을 처음 제안하긴 했지만, 이것이 본격적으로 주장된 것은 1920년대 이후였다. 1922년 인종위생협회는 인종위생학적 견지에서 장애인들이 자발적 불임수술을 수행할 필요가 있다고 주장했다. 1932년에는 자발적 불임수술을 권고하는 단종법이 지방의회에서 발의되었으나 부결되었다.

1933년 나치당의 집권은 인종위생이라는 과학의 이론적 희망사항을 마침내 현실화시켰다. 나치 집권 직후인 1933년 7월 14일 「유전성 질병 후손 금지를 위한 법Das Gesetz zur Verhutung erbkranken Nachwuchses」이 의회에서 통과되었다. 이는 '유전 건강 법정Erbegesundheitsgericht'의 소견에 따라 유전적 질병을 겪는 이들을 강제로 단종시킴으로써 독일 인종 내에 열등한 유전 형질을 제거하려는 시도였는데, 사실상 거의 모든 장애인들에게 강제 불임수술을 실시하는 것이었다.

1934년 3월 15일 첫 유전 건강 법정이 베를린에서 열렸고, 그해에만 8만 5천여 건의 단종 신청서가 제출되었다. 그 가운데 6만 5천여 건의 판결이 이뤄졌고 5만 6천여 건이 단종 판결을 받았다. 패트리샤 허버러는 이 과정에서 약 40만 명이 강제 불임수술을 받은 것으로 추정된다고 말한다.

불임수술을 받은 사람들 대부분은 정신질환자들이었다. 단종 판결을 받은 사람들 가운데 52.9%가 지적 장애와 조현병(정신분열증)으로 진단된 사람들이었으며 14%가 유전성 뇌전증(간질), 5.6%가 조울증 환자였다.

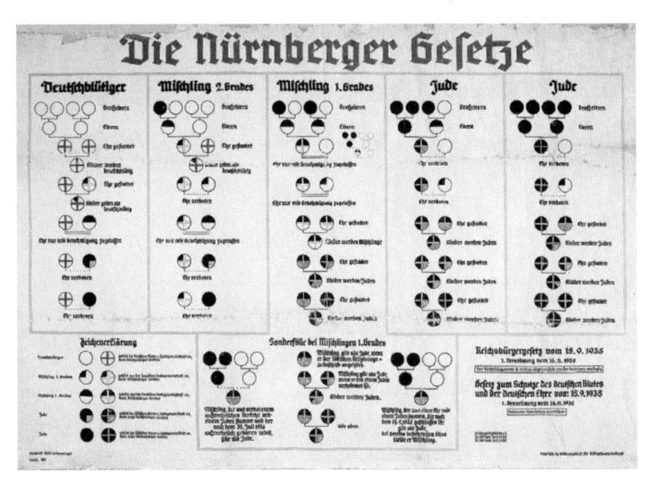

「뉘른베르크 인종법」을 설명하는 도해. 이와 같은 '과학적' 설명이 장애인과의 결혼을 금지하는 데 활용되었다.

과학의 꿈을 현실화하려는 법적 노력은 계속되었다. 1935년 9월 유대인 및 집시와 독일인의 결혼을 금지하는 「뉘른베르크 인종법Nürnberger Gesetze」이 제정되었고, 한 달 뒤에는 독일인 사이에서도 장애인과의 결혼을 금지하는 「결혼건강법Ehegesundheitsgesetz」이 통과되었다. 결혼법 실시로 인해 곳곳에서 강제 파혼이 발생했고, 단종법의 여파로 2차대전 종전 후에도 장애인들 상당수는 결혼 의지를 가질 수 없었다.

로버트 프록터는 단종법이 불임수술 연구 및 불임수술 기술을 중요한 과학 연구 영역이자 거대한 의료산업의 장으로 만들었다고 말한다. '쉐링Schering' 같은 의료기기 회사들은 불임수술 장비 제작으로 막대한 돈을 벌어들였고, 적어도 183개의 의학박사 학위논문이 불임수술과 관련된 주제로 제출되었다. 1934년 독일의사협회는 불임수술 여부를 판단할 의사들을 돕기 위해 잡지 〈유전학 의사Der Erbartz〉를 창간했다. 당시 주요하게 사용되었던 난관결찰술과 정관절제술 이외에도, 단시간에 대규모의 장애인들에게 시술하기 위한 불임수술법이 의사들에 의해 개발되었다. 1930년대 말엔 이산화탄소를 여성의 수란관 조직에 주입하여 난절scarification하는 '수술 없는' 불임수술이 개발되기도 했다.

이러한 불임수술 도중 사망률이 무려 1.5%였다는 점은 철저히 무시되었다. 40만 명이 강제 불임수술을 받았다는 점을 고려하면, 그중 6천 명이 수술 도중 사망했다는 결론이 나온다. 이렇게 장애인의 생명을 등한시하는 경향은 나치라는 정치적 힘과 결합하여 결국 장애인 강제 안락사라는 1920년대의 '학술적' 견해를 현실화시키기에 이르렀다.

장애인 안락사 프로그램 : "자비로운 죽음"

1937년 〈프랑크푸르트 자이퉁Frankfurter Zeitung〉은 자신의 아이를 총으로 쏘아 죽인 농부의 재판 결과에 대해 다음과 같이 서술했다.

> "재판정에서 농부는 그의 아들이 정서장애를 갖고 있었고 아이의 정신병이 사회를 위협할 것이므로 자비로운 죽음을 내렸다고 주장했다. …그의 변호사였던 나치당 관료는 아이가 가족에게 불필요한 재정적 부담을 주었다고 변호했다. 재판 결과 농부는 3년 형을 선고받고 1년 뒤에 출옥했다."

1939년 제2차 세계대전이 발발하고 전쟁의 경제적 비용 문제가 대두되면서 "살 가치가 없는 존재들을 파괴"하자는 바인딩과 허셔의 주장이 현실로 나타나기 시작했다. 히틀러는 자신의 주치의 칼 브란트Karl Brandt와 당 비서장 필립 불러Philipp Bouhler을 불러 희망이 없는 장애인들에게 "자비로운 죽음mercy death"을 내리라고 말했다. 이들은 빅터 브라크Victor Brack에게 장애인 안락사 프로그램 실시를 명했다. 당시 담당 관청이 베를린의 티어가르텐슈트라세Terrgartenstrasse 4번지에 위치해 있었기에 이 안락사 프로그램은 '작전 T4(operation T4)'라는 이름을 갖게 되었고, 철저히 비밀리에 진행되었다.

1939년 8월 18일, 제국 내무부는 기형 및 기타 신생아 등록을 명하는 공문을 내렸다. 공문에는 모든 의사와 간호사, 주부들이 '정신박약' 증세를 가진 신생아나 세 살 미만의 아이들을 반드시 공중보건서비스 당국에 보고해야 한다고 명시했는데, 여기에는 다운증후군을 비롯해 사지나 척추에 문제가 있거나 마비 증세, 소인증을 가진 장애아들이 모두 포함되었다.

T4는 이렇게 수집된 정보들을 바탕으로 영아 살인을 시작했다. 의사들은 치사량 이상의 약물을 투여하거나 아사시키는 것을 주요 방법으로 선택했다. 이후 안락사 프로그램은 1941년에 17살 이하 장애인, 1943년에는 모든 비非 아리안Aryan 인종을 대상으로 확대 실시되었다. T4는 초기에는 제국 내무부의 도움으로 모든 국립병원들의 장애 환자에 대한 정보를 수집했고, 이후 국립 및 사립 정신병원과 정신분석클리닉, 요양원, 특수교육학교 등으로 안락사 징집 범위를 확대하였다.

장애인과 같은 '열등 형질'의 위험성에 대한 나치의 선전물(좌).
안락사 프로그램의 첫 대상이 되었던 장애 아동들. 치료 불가 판정을 받은 아이들에겐 치사량의 약물을 투여하거나 식사를 제공하지 않아 "자연스럽게" 아사시켰다.(우)

강제 불임수술의 경우와 마찬가지로 안락사를 위한 기술 또한 발전했다. 약물을 통한 안락사가 너무 느린 것으로 간주되면서 독가스실과 화장터를 갖춘 6개의 센터—브란덴부르크, 그라펜넥, 하르트하임, 소넨스타인, 베른부르크 및 하다마르 시—가 설치되었다. 1941년 8월 24일 종교인들과 가족들의 저항으로 히틀러가 가스 살인 중단 명령을 공식적으로 내리기 전까지 총 8만여 명의 장애인이 살해당했다. 비공식적으로는 종전 후인 1945년 말까지 장애인 안락사가 진행되었는데, 각 병원들에서는 "일할 능력이 없을 뿐만 아니라 의사와 간호사들의 업무량을 과다하게 만드는 장애인들"에 대한 광적 안락사wild euthanasia가 시행되었다. 패트리샤 허버러는 1939년부터 1945년 사이에 약 20~25만 명의 장애인이 학살당했다고 설명한다.

휴즈 갤러허Huges Gallagher에 따르면, T4의 통계학자들은 장애인 학살을 통해 독일이 1951년까지 총 8천9백만 라이히마르크를 아낄 수 있을 것이라고 보고했다. "쓸모없는 입"들이 소모할 고기와 소시지 1천3백만 라이히마르크와 71만 라이히마르크의 잼, 1백10만 라이히마르크의 치즈, 그리고 2천1백만 라이히마르크의 빵과 기타 막대한 의료비가 절약된다는 것이다.

이렇게 당대의 독일 과학자들, 특히 인종위생학자들은 자신들의 이론적 꿈을 현실화시켰을 뿐만 아니라 연구에 필요한 임상시험 재료들도 충당할 수 있었다. 당시 안락사 과정에서 수습된 뇌를 비롯한 인체조직들은 1960년대까지 연구 재료로 사용되었다. 이에 더해 독가스 센터들에서도 강제 안락사가 예정된 장애인들을 대상으로 다양한 인체시험이 이루어졌다.

소결

정치적으로 오용된 과학? 장애차별적 사회 속의 과학!

19세기 말 사회진화론의 등장과 함께 각 인종 사이의 생존경쟁 관념이 확산되었고, 이러한 생존경쟁에서 살아남기 위해 인종집단의 유전형질을 관리하려는 우생학이 출현했다.

독일에서 인종위생이란 이름으로 시작한 우생학은 독일 인구집단에서 열등 형질을 배제함으로써 인종 퇴락을 방지할 수 있다고 주장했으며, 이러한 주장은 경제적 빈곤과 생명 가치에 대한 개념 변화 등을 야기한 제1차 세계대전을 거치면서 급진화되었다. 인종위생학자들은 장애인에 대한 강제 불임수술, 나아가 강제 안락사를 열등 형질 제거의 과학적 방법으로 제시했으며 이는 1930년대 나치의 집권과 함께 현실화되었다.

'아리안 물리학'이라는 명칭이 말해 주듯 나치 독일 시기에 과학은 정치적으로 억압당했거나 정치 이데올로기에 의해서 이용당했다는 설명이 일반적이다. 그러나 로버트 프록터가 적절히 지적했고 이 장에서도 드러난 바와 같이, 나치 집권 이전부터 독일의 과학자들은 장애인에 대한 불임수술과 안락사를 주장했다. 인종위생 혹은 우생학이라는 과학은 이미 태동기부터 장애인에 대한 당대의 사회적 이해와 분리 불가능한 학문이었으며, 나치의 정치권력과 만나면서 장애인 수십만 명의 학살이라는 참담한 결과를 낳았다.

그러므로 단지 용의자 X를 찾는 것만으로는 장애인 학살의 과정과 과학자들의 적극적인 참여를 이해하기 어렵다. 학살의 배경을 분명히 이해하려면 나치를 용의자 X로 지목하고 그들의 '오용'을 비난하는 데서 한발 더 나아가, 어떠한 사회 속에서 어떠한 의제를 가진 과학 활동들이 이루어졌는지를 입체적으로 살펴야 하는 것이다.

2부

언던 사이언스

: 용의자 X의 과학을 넘어서

⊙

앞에서 우리는 단순히 소수의 지배 집단에 의해 젠더차별적, 인종차별적, 장애차별적인 과학 연구들이 만들어진 게 아니라 과학자들 스스로가 그러한 차별적 사회 속에서 틀 지워진 프레임에 기초해 적극적으로 연구에 참여해 왔음을 확인했다. 과학자들 또한 사회 속에서 살아가는 인간인 이상, 그들이 자연현상을 이해하고 파악하는 과정에서 특정 시대의 사회가 공유하는 시각과 언어, 관심이 반영되지 않을 수 없다.
따라서 그런 연구 결과를 만들어 낸 과학자들을 모두 용의자 X의 이해관계에 종속된 '거짓'의 생산자로 보거나, 반대로 그런 것들로부터 완전히 해방된 '진실'의 주재자로만 보는 것은 적절하지 않다.

2부에서는 '용의자 X에게 이용당한 과학'의 시각과 언던 사이언스, 즉 '수행되지 않은 과학'의 시각을 비교하며 후자의 관점을 익혀 볼 것이다. 이 관점은 거짓/진실, 오용/선용, 이해관계 연루/객관적 중립 같은 이분법적 구분에 기초한 '용의자 X론'이 오로지 선악의 가치판단으로만 접근하는 주제들 속에 얼마나 많은 중요한 문제들과 논점들이 남아 있는지를 우리에게 보여 준다.
우리의 탐구는 과학을 다양한 인간 활동의 일부로 파악하는 데서 출발한다. 이를 통해 가령 생의학biomedicine과 같은 과학들이 기술 및 약물의 상업화, 가축전염병 방역, 젠더 운동과 같은 사회적·정치적·경제적 활동들과 뒤얽히면서 지식 생산 과정에서 어떠한 측면들을 배제하고 있는지, 이와 관련해 현대사회에서 '정치적'으로 토의되어야 할 '과학적' 쟁점들이 무엇인지 살펴보도록 하자.

⊙

4장

불멸의 인종과학

: 현대 생명과학 연구에서의 인종

제2차 세계대전이 종결된 1945년 이후 사회와 과학 양측은 인종주의를 공식적으로 문제 삼기 시작했다. 1964년 국제올림픽위원회(IOC)는 흑인에 대한 인종차별주의 정책을 펼치는 남아프리카공화국의 올림픽 참여를 금지시켰다. 영미권 국가들에서는 흑인과 아시아계 이민자 차별에 반대하는 시위와 그에 응답한 각국 정부의 공식적인 인종차별 금지 선언 및 법안 개정이 잇따랐다.

과학의 영역에서도 마찬가지였는데, 1950년부터 여러 차례에 거쳐 과학자들은 인종이 생물학적 사실이 아니라 사회적 구성물에 불과하다는 내용을 담은 「유네스코(UNESCO) 성명」을 발표했다.

> 과학자들은 모든 인간들이 같은 종인 호모사피엔스Homo Sapiens에 속하며 인류mankind는 하나라는 일반적인 동의에 도달했다. …현재 우리가 이용

가능한 과학적 증거들은 유전적 차이들이 다른 집단 간 문화나 문화적 성취 사이의 차이를 만들어 내는 데 주된 요소라는 결론을 정당화시켜 주지 않는다.

— UNESCO, 「인종 문제에 대한 전문가들의 성명Statement by Experts on Race Problems」, 1950. 7, 프랑스 파리

새천년이 도래한 이래 생명공학 영역에서 이뤄진 현대과학의 진보는 인종주의 우생학을 포함한 각종 인종 편향적 과학의 죽음을 알리는 것처럼 보였다. 2000년 6월, 미국 대통령 빌 클린턴Bill Clinton은 흔히 게놈프로젝트로 불리는 '인간유전체프로젝트the Human Genome Project'의 결과로 인간 유전체 대부분이 해독된 것을 기념하는 자리를 다음과 같은 연설로 시작했다.

"저는 오늘, 우리가 말할 수 있는 인종이 오직 하나의 인간 종Human species 뿐임을 과학이 증명해 주어서 행복합니다."

유전체학 연구를 선도해 온 셀레라 지노믹스Celera Genomics사의 CEO 크레이그 벤터Craig Venter 또한 "게놈프로젝트 결과 모든 인간이 99.9% 동일한 유전자 염기서열을 갖고 있음을 증명한 것은 유전학적으로 인종적 차이가 존재하지 않음을 보인 일"이라고 연설했다. 이듬해 〈영국의학저널The New England Journal of Medicine〉에 실린 유전체학과 인종에 관한 글에서, 리차드 슈와츠Richard Schwartz 박사는 이렇게 표현했다.

"인종 개념은 이제 구시대의 유물이 되었다."

2000년 이래, 적어도 과학의 영역에서 인종 개념은 종말을 고한 것처럼

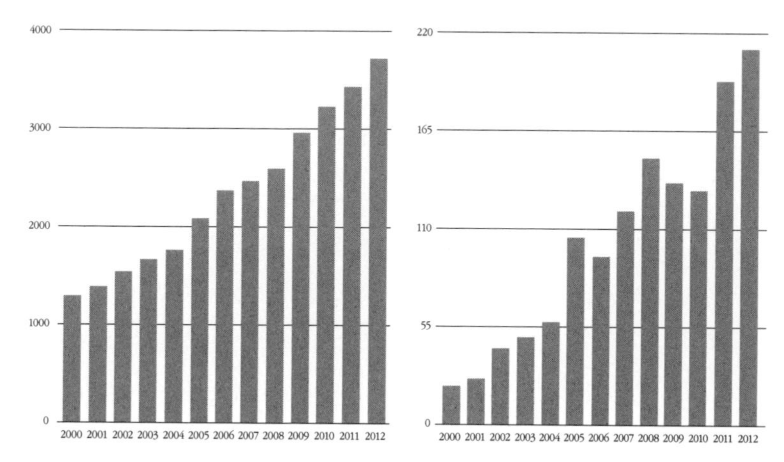

2000년 이후 십여 년간 유전체학 영역과 의학 영역 전체에서 인종 관련 논문의 연간 출판량이 모두 2배 이상 증가했다.

보였다. 당대의 과학자들과 정치가들, 그리고 시민운동가들은 현대과학의 진보가 지난 1백여 년 간 지속된 인종적 편견을 과학의 영역에서 확실하게 몰아낸 것으로 믿었다.

그러나 15년이 지난 지금 인종은 여전히 생명과학, 특히 유전체학genomics과 유전체의학genomic medicine 영역에서 생생히 살아 있다. 미국에서 흑인, 아프리카계 미국인, 히스패닉 같은 인종집단은 건강 관련 연구의 주요 대상으로 부상했다. 예를 들어, 2003년에 하워드 대학의 유전체학자들은 '아프리카인 DNA'를 수집하고 연구하기 시작했다. 다른 과학자들은 히스패닉 집단을 제2형 당뇨병에 걸리기 쉽게 만드는 '멕시코인 DNA'를 탐구하는 일에 착수했다. 2005년 미국식약청(FDA)은 아프리카계 흑인들만을 대상으로 한 울혈성 심부전증 치료제 바이딜BiDil의 판매를 허가했는데, 이 약품은 최초의 인종 특화 약품이었다.

유전체학 영역에서의 인종 연구 붐은 흑인과 히스패닉에 관한 것들로 한정되지 않는다. 북미에서 태평양 건너편으로 눈을 돌리면 아시아 인종에 대한 유전체학 연구가 지난 십여 년간 폭발적으로 증가했음을 확인하게 된다. 중국 과학자들은 〈베이징 게놈연구소the Beijing Genome Institute〉에서 아시아인 DNA를 연구해 왔고, 아시아인 게놈 해독을 선언했다. 2010년 한국에선 〈아시아인 게놈 센터Asian Genome Center〉가 서울대학교에 설치되었고, 같은 해 북아시아인 게놈을 해독했다고 발표했다.

인종 개념의 종말이 과학적으로 선언되었음에도 불구하고 인종에 대한 생명과학 연구가 급증하는 상황을 어떻게 이해할 수 있을까? '용의자 X론'은 다음과 같은 두 가지 답을 제안한다. 게놈프로젝트의 연구 결과가 틀렸거나, 지난 십여 년간 출판된 수천 건의 과학 논문들이 모두 인종적 편견에 가득 찬 것들임에 틀림없다!

이 논리를 따른다면 우리는 수백 명이 넘는 과학자들이 오류를 저지르고 있거나 십여 년에 걸쳐 이뤄진 게놈프로젝트가 틀렸다는 결론을 받아들여야 하는데, 이는 결국 현대 생명과학의 연구 결과들을 모두 거부하는 극단적 회의주의로 귀결되고 만다. 언던 사이언스의 관점은 이렇게 극단적인 반反과학주의적 결론 대신, 왜 이런 일이 발생했고 그것이 야기한 결과가 무엇인지를 음미해 볼 기회를 제공한다.

과학기술학자 캐서린 블리스Catherine Bliss의 주장처럼, 유전체학은 현대의 새로운 인종과학으로 부상했다. 이 장에서는 새천년 이후 새로운 인종과학이 출현하게 된 사회정치적·문화적·과학기술적 맥락들을 살펴보고, 이렇게 만들어진 과학이 어떤 문제들을 낳게 되는지 검토한다.

이 장에서 드러날 가장 역설적인 사실은, 백인 중심의 의학 연구에서 비롯된 건강 불평등 문제를 해결하기 위해 인종적 차이를 연구해 온 과학자들의 노력이 오히려 인종 불평등과 차별에 기여하는 경우도 존재한다는 점이다.

새천년의 인종과학을 만드는 역사적 실타래들

현대 생명과학, 특히 유전체학 분야에서 인종 개념을 사용하는 일은 오랫동안 학문적·정치적 논란거리였다. 과학기술학자 니컬라스 로즈Nicholas Rose에 따르면, 인간 건강에 대해 연구하는 유전체학자들의 인종에 대한 견해는 크게 세 가지로 분류된다.

하나는 인종 개념을 과학적으로 사용하는 게 가능하지만 그보다는 특정한 '생체표지자biomarker'를 사용하는 게 더 낫다는 입장이고, 다른 하나는 인종 개념이 인간 집단 간의 차이들을 표현하기에 부적절하므로 사용하지 말아야 한다는 입장이다. 마지막으로, 인종 개념이 생명과학 연구의 좋은 길잡이가 될 뿐만 아니라 의학 연구에 소수 인종들을 포함시킴으로써 더 평등한 공중보건 연구를 만들어 나갈 수 있다는 견해가 존재한다.

반면 유전체학 바깥의 사회과학자들, 일부 인류학자들과 사회학자들은 인종 개념을 단순한 사회적·문화적 구성물로 간주한다. 그중 극단적인 입장, 특히 '용의자 X론'의 관점을 견지하는 사람들 가운데 몇몇은 인종 개념이 단순한 사회적 편견에 불과하다고 주장하기도 한다.

현재 상당수의 유전체학 연구자들은 세 번째 입장, 즉 인종 범주가 인간 변이를 연구하는 데 좋은 안내자가 될 수 있다는 관점을 견지한다. 아시아인, 아프리카인, 코카서스인 등 대륙 구분에 따른 인종 범주를 통해 인간 변이를 탐구한 '국제 하플로타입 맵핑 프로젝트the International HapMap project'*와 멕시코를 필두로 중국 및 세계 각국에서 벌어지는 국가 차원의 민족 하플로타입 맵핑 프로젝트들이 이러한 현실을 잘 보여 준다. 어째서 유전체학자들은 인종 개념을 사용한 연구를 선호하게 되었을까?

우선 생명과학 영역에서 인종에 대한 관념이 지속된 것을 하나의 원인으로 지적할 수 있다. 과학에서 인종적 추론의 역사에 대한 의료인류학자 나디아 아부 엘하지Nadia Abu El-haj의 설명이 이를 잘 보여 준다.

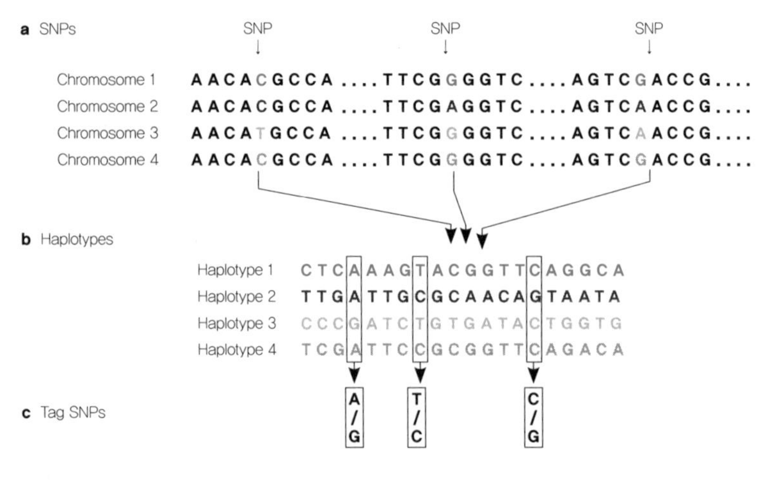

하플로타입 도출 과정

18세기 중후반 유럽의 자연주의자 칼 린네우스Carl Linnaeus와 요한 프리드리히 블루멘바흐Johann Friedrich Blumenbach에 의해 인종 개념이 처음 발명된 이래, 19세기 들어 유럽에서는 인종과학이라 불릴 만한 학문이 만개하기 시작했다. 당시 의사들과 과학자들은 인종 사이의 외형적 차이들, 즉 피부색과 신장과 코의 길이 등을 분류하고 측정함으로써 계량화시키려 노력했다. 당대에 이러한 연구들은 인종에 대한 '경험과학' 혹은 '실증과학'으로 간주되었다.

인종과학은 각 인종들 사이의 유형론적typological 차이에 따라 어떤 인

* "하플로타입 지도 작성Haplotype Mapping, 즉 햅맵HapMap은 인간에게 공통적으로 발생하는 유전적 변이의 카탈로그로서 세계 여러 지역 인간 집단들 사이에서 유전 변이가 어떻게 분포되어 있는지, 그 특징이 무엇이고 DNA 가운데 어디에 위치해 있는지를 확인하려는 작업이다. 하플로타입haplotype은 하나의 염색체 상에서 통계적으로 연관된 단일핵산염기다형성(Single Nucleotide Polymorpism, SNP) 집합이며, 햅맵 프로젝트는 전 세계 네 개 집단의 하플로타입 지도 작성을 통해 특정 질환의 위험도와 유전적 변이 사이의 상관관계에 관한 기본 정보를 제공하는 것을 목적으로 한다.

종이 문화적·지적·육체적으로 다른 인종보다 우수하다는 '경험적 증거'를 제공함으로써 유럽과 일본 제국주의자들의 인종차별을 정당화하는 데 동원되었다. 인종과학은 이렇듯 제국주의에 기여했을 뿐만 아니라, 유럽과 북미 지역 정부들이 아시아와 아프리카에서 넘어오는 이민자 집단들을 통제하는 데 더없이 유용한 도구이기도 했다.

앞서 언급했듯이 제2차 세계대전 이후 1950년에 있었던 유네스코 성명에서 과학자들은 인종의 존재를 부정했다. 그러나 그것은 인종에 대한 유형론적 정의를 부정한 것일 뿐, 인종 개념 자체를 거부한 것은 아니었다. 제니 리어든Jenny Reardon이 주장하듯 과학자들은 단 한 번도 인종 개념을 포기한 적이 없었다.

인종에 대한 유형론적 분류는 흑인, 백인, 황인이 명백히 '자연적으로 서로 다른 종류'라는 생각에 기초한다. 나치 독일제국에서 아리아인과 타 인종의 결혼을 금지한 것은 아리아인이 유대인이나 집시를 포함한 다른 인종들과 구별되는 강인한 체격, 지적 탁월성을 비롯한 다양한 우수한 특질을 갖고 있는데, 다른 인종과 '이종교배'가 이뤄질 경우 이와 같은 순수한 특질을 잃게 된다는 주장에 근거한 것이었다. 키가 작고 코가 휘었으며 기회주의적 기질을 가진 유대인과 신체적·지적 탁월성을 겸비한 아리아인은 각기 다른 특질을 가진 다른 유형의 종species이었다.

그러나 1950년 유네스코 성명과 새천년의 게놈프로젝트 결과 등은 유형학적으로 인종을 분류할 수 없음을 증명했다. 인간은 모두 같은 호모사피엔스 종이며 99.9% 동일한 염기서열을 공유하고 있다. 비록 피부색은 다르지만, 그들이 서로 다른 유형이라고 말할 과학적 근거는 모두 부정된 것이다.

하지만 인종에 대한 절대적인 유형론적 분류가 부정되었다고 해서 곧바로 인종을 과학적으로 논할 수 없다는 결론이 도출되는 것은 아니었다. "전립선암이 발병할 확률이나 유전적 빈도는 아시아인이나 백인보다 흑인에게서 훨씬 높다"는 식의 서술이 보여 주듯이, 인종은 건강 문제를 포함한 여타 문제들에 관해 상대적 차이를 보여줄 수 있는 통계적statistical 개념으로 논의되기 시작했다.

20세기 중반까지 과학적 인종주의를 뒷받침하고 있던 유형론적 인종 개념은 유네스코 선언 이후 힘을 잃었지만 "A인종이 다른 인종보다 B질병에 유전학적으로 취약하다"와 같은 인종별 통계적 차이에 관한 연구들은 그 후로도 계속해서 이루어졌다. 유형론적 인종 개념의 종말을 알린 게놈프로젝트가 과학자들에게는 통계적 인종 개념의 유의미성을 환기시켜 준 계기가 되었던 것이다. 인종에 대한 통계적 사고는 계속해서 생명과학 영역에 남아, 인간 건강에 관한 유전체학적 차이들을 탐구할 때 중요한 자원으로 활용되었다.

유전체학 연구를 선도한 미국에서 20세기 말에 벌어진 '인종 정체성 정치politics of racial identities' 또한 유전체학 연구가 인종 개념을 채택하는 데 기여했다. 흔히 알려져 있듯이 미국의 1980~1990년대는 '정체성의 정치identity politics'의 시대였다. 1960년대부터 성장하기 시작한 환경운동은 지평을 날로 확장해 나갔고, 성性소수자sexual minority 운동이 활발해지는 것과 함께 인종차별에 반대하는 인종소수자 운동 또한 점차 강력한 힘을 얻게 되었다.

과학기술학자 스티븐 앱스틴Steven Epstein은 미국의 보건운동가들이 보건의료 부문의 인종차별을 비판하면서 소수 인종을 현대과학 연구에 포함시키도록 하는 법과 제도들을 이끌어 낸 과정을 검토했다. 1980년대 보건운동가들은 보건의료 정책이 오직 백인-코카서스인만을 연구 대상으로 간주하고 다른 인종들을 최신 생명의학 연구에서 배제하고 있다고 비판했다. 예를 들면, 약물의 약효에 대한 임상시험의 모든 피험자가 '중년 백인 남성'으로 설계되어 있다는 것이다.

이 활동가들은 인종적 다양성을 고려하는 연구에 예산을 부여하는 제도를 마련하도록 연방정부에 압력을 넣었고, 그 결과 임상시험 설계시 피험자의 인종적 다양성을 고려하라고 요구하는 보건원(NIH)의 권고안(1994)과 식약청(FDA)의 「근대화 법Modernization Act」(1997)이 각각 수립되었다.

이 법안들은 약물 임상시험에 여성과 인종소수자를 포함시키는 가이드라인 확대에 기여했을 뿐만 아니라, 건강과 관련된 다양한 생명과학 연구 영역에서 인종 범주를 사용할 경우 연구비를 지원해 주는 경향을 낳았다. 요약하자면, 건강 평등을 추구한 인종 정치가 인종소수자 건강에 대한 예산 지원을 가져옴으로써 결과적으로 인종 개념을 사용하는 생명과학 연구가 확산되는 데 기여했다.

아시아계 혹은 아프리카계 미국인처럼 인종소수자 정체성을 가진 과학자들이 건강 불평등 타개를 주장하며 인종에 대한 유전체학 연구를 의제화한 것도 이러한 경향을 강화시켰다. 일부 유전체학자들은 ―1980년대 보건운동 활동가들이 그랬듯이― 게놈프로젝트가 백인 남성을 보편적 인간으로 상정하고 다른 인종 간의 차이를 무시함으로써 인류 전체가 아닌 일부 백인들에게만 이득이 되는 과학으로 발전해 나가고 있다고 비판했다. 그리고 이를 보완하기 위해 각 인종들 간의 유전체학적 차이를 규명하는 연구들이 이루어져야 한다고 주장했다. 국제적·국내적 수준의 햅맵HapMap 프로젝트 등은 바로 이런 흐름 속에서 이뤄진 대형 유전체학 프로젝트들이었다.

마지막으로, 후기유전체학post-genomics이라는 새로운 연구 스타일 자체가 과학에서의 인종 개념 부상에 기여한 점을 들 수 있다. 2003년 인간 염기서열의 완전 해독 이후 개인 사이의 유전체학적 변이가 중요한 연구 대상으로 부상했는데, 후기유전체학은 바로 그것을 연구하는 학문이다.

니컬라스 로즈Nicholas Rose에 따르면 후기유전체학자들은 분자 수준에서 다양한 유전체학적 변이들을 탐구한다. 그중 대표적인 것이 단일염기다형성(SNPs : Single Nucleotide Polymorphisms)이다. 이 과학자들은 SNPs에 따른 특정한 질병 발병 위험도를 탐구하며, 대표적 방법으로는 전장유전체연관성분석(GWAS : Genome Wide Association Studies)이 있다.

GWAS는 사례집단과 통제집단의 SNPs와 질병 발병 차이를 비교하는데, 이때 두 집단을 구별하기 위한 집단 분류 개념을 요구한다. 이런 논리에 따라 성별과 함께 인간 집단을 분류할 때 사용되는 전형적 범주 가운데 하나인 '인종'이 GWAS 연구에 전제된다. 후기유전체학의 연구 스타일이 인종 개념을 다시금 과학 영역으로 끌어들인 것이다. 이러한 여러 동인들이 결합하여 최신 생명과학인 유전체학을 21세기의 새로운 인종과학으로 자리매김하게 만든다.

여기서 우리는 유전체학에 기초한 인종 연구가 근대의 인종과학과는 다른 양상을 띠고 있다는 점에 주목해야 한다. 사라지는 듯했던 인종 개념을 다시 등장시킨 건 보건운동가들 같은 과학 바깥의 정치적 집단뿐만이 아니었다. 보건의료 영역에서 일어나는 인종 건강 불평등을 해결하기 위해 과학자들 스스로 도입한 것이었다.

흥미롭게도, 이러한 '선의의 목적'에서 이뤄진 연구들은 인종에 대한 기존의 사회적 편견들과 뒤얽히면서 예기치 않은 결과들을 만들어 내게 된다.

유전체학 시대의 법과학 : 특정 인종의 범죄집단화?

범죄 수사를 위한 법과학forensic science 영역에서 범죄자를 추려내기 위한 인종 프로파일링racial profiling은 서구의 일반적인 관행이었다. 그러나 이러한 인종 프로파일링이 특정 인종에 대한 편견을 만들어 낸다는 비판이 이어지면서 20세기 말부터 법적으로 금지되기 시작했다. 그러던 중 2003년 미국 루이지애나에서 경찰들이 최신 유전체학 기술에 기초해 연쇄살인

범을 체포하게 되면서, 인종 프로파일링은 새로운 국면을 맞게 되었다.

2001년 9월부터 루이지애나 주 남부에서 여성 5명의 강간치사 사건이 잇따라 발생한다. 연방수사국(FBI)과 경찰 당국이 많은 시간과 비용을 투자했음에도 불구하고 범인의 윤곽은 전혀 잡히지 않았다. 2003년 초 경찰은 피해자의 몸에서 채취한 샘플을 토대로 생명공학기업 디엔에이프린트지노믹스DNA Print Genomics, Inc에 유전체 분석을 의뢰했고, 분석을 수행한 연구자들은 피의자의 인종이 흑인이라고 보고했다. 이는 수사에 큰 전기를 마련하는 일이었는데, 그전까지 경찰 당국은 혐의자를 백인으로 생각하고 조사를 수행해 왔기 때문이다.

결국 같은 해 아프리카계 미국인 데릭 토드 리Derrick Todd Lee가 연쇄살인 용의자로 체포되었고, DNA 분석에 따른 인종 프로파일링 결과는 이듬해 법정에서 그를 범인으로 확증하는 과학적 증거로 인정되었다. 이후 미국의 경찰 수사와 법정에서 유전체 분석에 기초한 인종 프로파일링은 중요한 과학적 증거로 부상하기 시작했다.

이렇게 법과학의 영역에서 인종 분류가 유전체학의 용어로 재등장하게 된 배경에는 앞서 언급한 유전체학의 새로운 인종과학으로의 부상이 놓여 있다. 디엔에이프린트지노믹스가 사용한 '조상정보표지자Ancestry Information Marker'는 'Y염색체의 짧은 염기서열 반복표지자Y-Chromosome short tandem repeat'를 기존에 구축해 놓은 데이터베이스의 참조 집단과 비교해 혼합admixture 정도를 파악함으로써 특정 집단의 이주 경로를 추적할 때 사용되는 연구 기술이었으며, 이 기술의 개발자는 유전체학 분야에서 혼합 연구를 선도하는 저명한 연구자이기도 했다.*

문제는 이러한 유전체학 기술을 법과학 영역에서 사용하는 것이 인종에 대한 사회적 편견들을 법적 실행에 개입시킬 여지를 낳을 뿐만 아니라,

* 디엔에이프린트지노믹스 사는 2009년에 폐업했지만, 여전히 Ancestry By DNA를 비롯한 여러 기업들이 유사한 종류의 조상정보표지자 검사들을 제공하고 있다.

목격자 진술에 의거한 몽타주(좌)와 체포된 토드 리(우).

그러한 편견이 자연적 사실인 양 정당화하는 데 기여한다는 것이다. 조상정보표지자는 '인종의 유전 가능한 요소'인 '생물지리적 조상biogeographical ancestry'과 유전형들 사이의 연관성을 연구하는 것으로서 해당 샘플이 어떠한 조상과 어느 정도의 관계가 있는지를 평가해 준다. 루이지애나 연쇄살인 사건 피의자의 샘플 분석에서는 85%의 아프리카계 조상과 15%의 아메리카 인디언이라는 결과를 얻었다. 그런데 분석자와 경찰은 이 분석 결과를 '흑인'으로 단정하고 수사를 진행했다. 조상의 이주 경로를 안다고 해서 그의 피부색과 같은 표현형적 특질들을 알 방법이 없었음에도 말이다.

결국 이 기술은 특정 인종에 대한 경찰이나 분석자의 선입견 또는 자의적 판단을 '과학기술이 제공한 증거'로 탈바꿈시킬 여지를 제공한다. 이에 더해, 마치 특정 유전형이 피부색·체형·외모 등과 같은 표현형적 특질들을 전부 포착할 수 있다는 식으로 인종에 대한 유전학적 환원론을 만연하게 하는 데 기여한다. 그러나 후기유전체학 연구들이 보여 주듯이 유전자와 환경 사이의 관계는 너무나 복잡해서, 일부 유전형을 가지고 해당 개체의 표현형적 특질을 파악하는 것은 불가능하다.

조상정보표지자가 인종집단의 혼혈성을 전제로 한다고 주장함에도 불구하고, 그것이 법과학적 실행에서 사용될 때에는 마치 흑인과 백인 그리고 아시아인 사이에 확고한 경계가 있는 것처럼 서술된다. 과학기술학자 파멜라 상카르Pamela Sankar는, 히스패닉과 흑인들이 '범죄자 집단'이라는 오

디엔에이프린트지노믹스의 조상정보표지자 기술 홍보 자료. 조상과의 관계만을 말해주는 자료로서 개인의 피부색 및 외모와 같은 표현형적 특질을 알 방법이 없음에도 불구하고 개인의 사진과 검사 결과를 함께 게재하여 인종적 추론을 유도한다.

랜 편견이 만연해 있는 상황에서 조상정보표지자가 제공하는 정보는 필연적으로 흑인과 히스패닉들을 지목하는 방향으로 이어진다고 지적했다.

법과학의 또 다른 특수한 실행 가운데 하나인 스포츠 도핑 검사에서도 유사한 현상들이 발견된다. 한국인을 포함한 아시아인 집단과 스웨덴인을 표본으로 특정 유전체의 다형성을 분석한 어느 논문(2008)에서 아시아인은 금지 약물인 아나볼릭 스테로이드anabolic steroid를 복용했더라도 현행 올림픽 도핑 검사 체계가 포착하기 힘들다고 보고된 이후, 뉴욕타임즈와 ABC 뉴스를 비롯한 미국의 주요 언론들은 "아시아 인종은 유전학적으로 도핑 검사를 피해 가기 쉽다"거나 "현행 도핑 검사는 (아시아인에게만 유리한) 인종차별적"이라는 보도를 앞다퉈 쏟아냈다.

이러한 인종 환원주의는 아시아인이 백인이나 흑인보다 운동을 잘 하기 어렵다는 미국의 사회적 편견과 결합되어, 올림픽 또는 여타 국제대회에서 한국인이나 중국인이 우승할 경우 "다른 인종보다 더 엄격한 도핑 검사"를 실시해야 한다는 악의적 여론을 불러일으키는 데 동원되었다.

소결

불멸의 인종과학과 새로운 문제들

과학자들과 보건운동가들의 선의와 무관하게, 다양한 임상적 연구에서 유전체학자들이 수행한 인종 연구와 미디어 보도와 정책 실행 과정 등은 인종에 대한 사회적 편견을 생물학적 사실로 정당화하는 데 동원되고 있다. 대중과학잡지나 일반 언론들은 행동유전체학의 연구 결과를 "아시아인이나 백인보다 흑인이 더 쉽게 분노한다" 등과 같이 사회적 편견에 부합하는 형태로 재생산시킨다.

미국 정부는 공중보건정책에 흑인·백인·히스패닉 같은 범주를 사용하며, 멕시코 정부는 '토착 원주민'이라는 모호한 범주를 유전체학의 이름으로 수많은 이질적 집단들에 강제하고 사회적 낙인을 재확인시킨다. 법과학이나 약물학 같은 임상연구들은 사회적 차별에 의해 만들어진 인종적 차이를 유전학적 차이로 환원하는 데 기여한다. 조나단 칸Jonathan Kahn이 지적한 것처럼, 사회의 인종차별을 비판하기 위해 동원된 유전체학 시대의 새로운 개념들—조상ancestry, 혼혈admixture 등—은 다시 사회적 편견이 결합된 인종 개념으로 회귀racial recursion한다.

이러한 설명은 얼핏 '용의자 X론'의 극단적인 관점과 마찬가지로 인종 개념 자체를 거부하자는 것으로 보이기 쉽다. 그러나 현 상황에서 인류가 인종이라는 개념 없이 살아가는 것은 사실상 불가능하다. 예를 들어, 인종 간 경제적 차별이 낳은 건강 불평등을 지적하는 데 인종 개념은 필수불가결하다. 식이습관을 비롯한 환경의 차이를 지적하기 위해서도 인종 범주는 반드시 필요하다.

언던 사이언스의 눈은 어떻게 우리 시대에 새로운 인종과학이 출현하게 되었는지에 대해 보다 분명한 이해를 제공할 뿐만 아니라, 과학자 및 관련자들의 선의에서 비롯된 작업 또한 예상치 못한 결과와 문제들을 낳게 된다는 것을 보여 준다. 더 나아가, 과학 활동이 낳는 여러 문제들에 대해 우리가 지금보다 훨씬 더 민감해지길 요구한다.

5장

구제역이라는 이름의 재앙

: 살처분 정책과 환원적 과학

통계적으로는 확인할 수 없지만, 육식을 중단하고 채식주의자로 살기로 결심한 사람들이 주위에서 점점 늘어나는 것을 목격하고 있는 사람이 필자만은 아닐 것이다. 그리고 한국에서 채식주의자로 살기가 정말 힘들다는 하소연 또한 심심찮게 들었을 것이다. 라면을 비롯한 한국의 각종 인스턴트식품들과 스낵류가 어떤 식으로든 육류와 관계된 성분들을 함유하고 있기 때문이다.

이제 막 채식을 시작한 필자의 동료는 인스턴트 라면에도 돈지(돼지기름)가, 고기 한 점 올라가지 않은 냉면의 육수에도 육류가 사용된다는 이야기부터 초코파이뿐만 아니라 심지어 두유에조차 돼지에서 나오는 젤라틴이 들어 있다는 사실 등을 털어놓으며 '올바로 먹기'의 어려움에 대한 고통을 호소한다.

그런데 이러한 어려움에도 불구하고 채식주의자들이 늘어나는 까닭은 무엇일까? 종교적 이유도 들 수 있고 건강상의 이유도 들 수 있겠지만, 적어도 필자의 주변인들에게 가장 큰 영향을 끼쳤던 요인은 다른 데 있다. 지난 몇 년간 구제역foot and mouth disease*과 조류독감 파동이 있을 때마다 되풀이되어 온 동물들의 살처분 장면들을 통해 느꼈던 감정들, 그리고 살처분을 야기하는 현대 축산업의 밀집형 공장식 사육 체계의 윤리적 문제를 인식하게 된 것이 가장 큰 요인이 아닌가 싶다.

2010~2011년 사이 한국 전역에서 480만 마리 가량의 소와 돼지가 구제역 방역의 이름으로 도축되었다. 이 같은 한국 정부의 구제역 방역에 대해 실패한 정책이자 국가 재난을 야기한 주범이라는 비난의 화살이 안팎에서 쏟아졌다. 일부 농촌 지역의 축산업은 몰락할 지경에 이르렀고, 도축에 대한 보상액 또한 3조원에 이르러 정부가 감당하기 어려울 정도였다. 매몰된 장소에서 나온 침출수가 지하수 및 상수원을 오염시킬 가능성이 제기되었고, 대량 도축의 윤리적 정당성에 대한 비판의 목소리가 높아졌다. 도살에 참여한 인력 가운데 11명이 사망했으며, 구제역 발생을 비관해 자살한 농부의 소식도 들려왔다.

감염 차단을 목적으로 발생 농장 인접지역 및 우려 지역에 내려진 인적·물적 자원 이동 제한 조치는 해당 지역을 고립시켜 갖가지 문제점과 후유증들을 낳았다. 살처분에 동원된 수의사들과 공무원들이 극심한 정신적 고통과 트라우마를 호소하는 등 다양한 사회적 문제들이 발생했다.

사실 이 모든 문제들은 2001년 2월에 영국인들이 겪었던 재앙과 동일한 것이었다. 당시 영국 정부는 구제역에 감염된 동물들과 인접 농장의 가축들을 48시간 이내에 도살하라는 지시를 내렸고, 그 결과 약 1천만 마리에

* 2010년 출간된 『구제역 백서』에 따르면 구제역(口蹄疫)은 소나 돼지 및 양과 같은 우제류 동물이 감염되는 질병이다. 높은 전염률 때문에 국제수역사무국[OIE]에서는 A급 질병으로, 한국에서는 제1종 가축전염병으로 지정되어 있다. 주요 임상적 징후는 입술, 혀, 잇몸, 코, 발굽 사이 등에 물집이 잡히는 현상과 체온의 급격한 상승 및 식욕의 저하이다.

가까운 가축들이 살처분되었다. 그 풍경은 흡사 나치 시대의 인종 대학살을 연상시킬 만큼 살벌했다. 모자란 인력 탓에 마취도 제대로 안 된 상태에서 산 채로 매몰되어 울부짖는 가축들을 본다면 누구든지 뭔가 잘못되었다고 생각하기 마련이었다. 한국에서와 마찬가지로 영국에서도 수많은 전문가들과 정부 스스로가 자신들의 구제역 통제 대책이 실패한 정책이라고 평가했다.

그렇다면 왜 이렇게 명백히 비인도적이고 커다란 재난을 불러일으키는 살처분 정책이 실시되었을까? 이 장에서는 2001년 영국 구제역 사태에 초점을 맞추어 이러한 질문의 해답을 찾고자 한다.

결론 부분에서 우리는 이 사건 역시 '수행되지 않은 과학'의 문제였음을 확인하게 될 것이다. 이에 대한 검토는 한국의 2010~2011년 구제역 사태에 대해 곱씹어 볼 기회를 제공할 뿐만 아니라, 2014~2015년 사이에 재차 발생한 구제역 사태에 대해서도 새로운 시각을 제공하게 될 것이다.

2001년 영국 구제역 사태

2001년 2월 20일, 영국 액세스 주 공설도살장의 돼지들에게서 구제역이 확진되었다. 이후 가축 수출이 금지되고 3일 후 가축 이동 금지령이 내려졌으나, 이미 인근 농장의 감염된 양들은 노섬벌랜드의 헥스험 가축시장과 컴브리아의 롱타운 가축시장을 거치면서 수천 마리의 다른 가축들과 접촉한 상태였다. 감염은 데번, 더럼, 헤리퍼드, 랭커셔를 통해 스코틀랜드의 덤프리스에 이르기까지 전국으로 퍼져 나갔고 아일랜드, 프랑스, 네덜란드 등 국외로도 확산되었다.

구제역 발병에 대한 보고가 쏟아지자 영국 농림부는 살처분 정책을 실시했는데, 인력 부족과 구제역 확진에 걸리는 시간 때문에 도살이 지연되었다. 이처럼 진단—도축—사체 매몰 작업의 지연이라는 악순환의 고리가 형성되자 당국을 향해 관료주의와 비일관된 통제 정책이라는 비판이 쏟아졌고, 농부들은 "구제역이 통제되고 있다"는 농림부의 주장에 대해 분노를 감추지 않았다.

3월 이후 질병 발생률의 급증과 함께 비판 여론이 거세지자 영국 정부는 구제역 방역 정책의 기조를 바꾸었다. 농림부는 소속 수의관들에게 실험실의 확진을 기다리지 말고 감염 가능성이 있는 모든 가축들의 도살을 진행하도록 지시했다. 상황은 점차 악화되었고, 같은 달 중순에는 스코틀랜드와 컴브리아 지역에서 감염 농장 3킬로미터 이내의 모든 양을 도살하는 '방화벽' 형태의 살처분 방침이 세워졌다.

급기야 농림부 대신 총리가 직접 나서 상황을 통제하겠다고 선언했고, 토니 블레어Tony Blair 총리는 내각 상황실을 가동시켰다. 3월 26일엔 구제역 감염 확산에 대한 런던 임페리얼 칼리지 팀의 새로운 역학조사 결과를 좇아 감염된 농장의 모든 가축을 24시간 내에, 그리고 인접 농장의 가축들을 48시간 내에 도살한다는 정책 결정이 내려졌다. 이후 1천만 마리가 넘는 가축에 대한 살처분이 이루어졌다.

이러한 방역 정책은 영국 정부 스스로도 재앙적이었다고 평가할 만큼 처참한 것이었다. 가축 대학살의 비윤리성은 말할 것도 없고, 유기축산 농장주들과 희귀종 양의 소유주를 포함한 축산 농민들의 피해도 단순한 재정적 보상으로는 해결할 수 없을 만큼 막대했다. 데번과 컴브리아 같은 농촌 지역 관광산업의 매출이 급감했고, 살처분 작업에 투입되는 인력과 농부들은 정서적·심리적으로 심대한 타격을 입었다.

영국 정부는 대체 왜 이런 끔찍한 정책 결정을 내렸던 것일까? '용의자 X론'은 이 문제에 대해 당시 영국 정부 비판자들과 동일한 목소리를 내거나, 혹은 반대로 영국 정부의 변명을 거들 것이다.

당시 비판자들은 영국 정부가 백신 접종의 단점과 위험성을 과장한 채

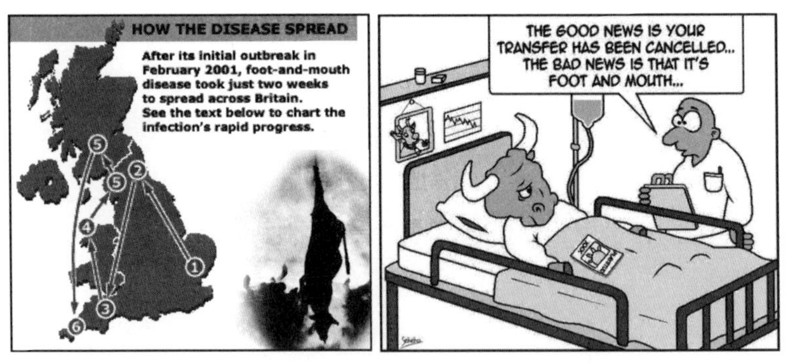

2001 영국 구제역 전파 경로(좌)와 당시의 신문 만평(우)

비합리적이고 비윤리적인 살처분 정책을 폈다고 꼬집었으며, 대규모 농장을 경영하는 일부 부농들의 이익을 위해 '백신 접종 없는 구제역 청정국'이라는 지위를 유지하려 애쓰다가 거대한 국가 재난을 야기했다고 비난했다. 또 다른 비판자들은 농림부가 늑장 대응을 했고 무능하게 일을 처리했을 뿐만 아니라, 다가올 선거에서 표를 수확하기 위해 인상적으로 보이는 정책을 무리하게 펼치다 이 같은 참사를 일으켰다고 주장했다.

반면 영국 정부는 '과학적인' 살처분 정책을 받아들이지 못하고 자신들의 가축들을 보호하려던 비합리적인 농부들 때문에 감염가축에 대한 도축이 적절히 이뤄지지 않았으며, 그 결과 구제역이 전국으로 퍼지게 되었다고 항변했다. 또한 백신 접종은 불확실성이 높고 과학적으로 문제가 많은 수단이므로, 역학조사 결과에 따른 도살 정책이 가장 과학적이라고 주장했다.

영국 정부와 비판자들 사이에서 벌어지는 진실게임에 뛰어드는 대신, 우리는 살처분 정책 결정을 내리게 된 배경을 자세히 살펴볼 것이다. 이를 통해 우리는 1천만 마리가 넘는 가축이 도축되는 참사가 구제역 관리 정책의 역사적 과정, 보편적 공공선에 대한 사회적 논리, 그리고 환원적 역학 모델링 같은 선별적 과학적 근거들이 뒤얽히면서 만들어진 사회적 결과임을 확인하게 될 것이다.

살처분 결정의 역사적 맥락 : 영국식 구제역 관리

과학사학자 에드워드 우즈Edwards Woods는 어떻게 구제역이 위험한 가축 질병으로 인식되었는지, 그리고 어떻게 감염가축 도살이 이 질병을 통제하는 표준으로 자리 잡게 되었는지 탐구했다. 그의 안내를 따라 그 역사적 전개를 훑어보도록 하자.

19세기 중후반만 하더라도 구제역은 지금과 같이 위험한 전염병으로 인식되지 않았다. 1865년 영국 정부의 「가축전염병법」이 구제역을 다루고 있긴 했지만 농장주가 구제역 발생을 보고할 의무도 없었고, 발병한 가축들도 단지 격리되고 매매가 금지될 뿐 도축되지는 않았다는 점 등이 이를 입증한다.

당시 사람들은 구제역을 '통제할 수는 없지만 완치가 가능한 가벼운 유행성 질병'이라고 생각했다. 재래종 가축들은 품종개량을 거쳐 높은 생산성을 갖게 된 품종들보다 구제역 증상이 훨씬 미미했으며, 가축들이 구제역 외에도 수많은 질병을 안고 살아가는 것이 당연하게 여겨지던 시절이므로 이러한 생각은 전혀 이상할 게 없었다.

구제역에 대한 국가의 개입이 이뤄지기 시작한 것은 1878년 영국에서 「가축전염병 예방법Contagious Disease Animal Act」이 제정되면서부터였다. 이 법률은 구제역에 감염된 가축들을 도살하고 농장주에게 그로 인한 경제적 손실을 보상해 주는 내용과 구제역 감염이 보고된 국가로부터 가축 수입을 금지하는 내용을 담고 있었다. 우즈는 이러한 살처분 중심의 구제역 방역 정책이 확립된 원인을 당시 영국의 농업환경 변화와 농장주들의 이해관계, 그리고 보수당의 정치적 압력과 같은 사회적 요인들에서 찾는다.

1950년부터 2년에 걸쳐 프랑스, 독일, 이탈리아, 네덜란드, 벨기에, 그리스, 덴마크 등 유럽 각국에서 대규모 구제역이 발생하면서 영국 바깥에서도 구제역에 대한 정부의 적극적 통제가 필요하다는 인식이 형성되었다. 그렇지만 그것이 백신 접종이냐, 아니면 영국 정부가 지속적으로 견지해 오던 살처분이냐는 줄곧 논쟁거리였다.

당시 스웨덴과 스위스 등에서는 백신 접종과 감염가축 도축 중심의 처방책을 진행했고, 유럽 일부와 남미 각국에서 백신 접종이 성공적이었다는 보고가 이어졌다. 불충분한 백신 공급량과 새로운 유형의 바이러스 출현으로 인해 구제역이 유럽 전역으로 확산되었지만, 그렇더라도 구제역 방역 정책을 백신 접종 중심으로 전환해야 한다는 주장이 유럽 다른 국가들뿐만 아니라 1952년 구제역 발병을 맞이한 영국 안에서도 일어났다.

백신 접종으로의 전환을 주장하는 세력과 살처분 중심의 방역 정책을 고수하는 영국 정부 사이의 논쟁은 한동안 지루하게 이어졌다. 이를 해소하기 위해 농림부 구제역 조사위원회가 꾸려지기도 했다. 이 위원회는 백신 접종의 타당성을 일부 인정하는 보고서를 출간했으나, 그것이 출간된 1954년은 이미 구제역 사태 처리가 완결되고 구제역 논란이 언론에서 잦아든 시기였다. 따라서 영국 정부는 별다른 논란 없이 살처분 중심의 구제역 방역 정책을 계속해서 유지할 수 있었다.

한편, 같은 시기인 1950년대 초에 〈유럽구제역위원회European Commission for the Control of Foot and Mouth Disease〉가 설립되었다. 이 위원회는 1980년대까지 유럽 국가들이 서로 연대하여 백신 접종과 살처분을 결합한 구제역 방역 정책을 전개하도록 이끌었다. 19세기 중반부터 대대적인 살처분 정책으로 구제역 청정 상태를 유지해 온 영국과 달리, 유럽 대륙 대부분의 국가들에서 구제역은 이미 토착화되고 만성화된 질병이었다. 그들의 입장에서 보면 전적으로 살처분 정책만 실시하는 것은 비용이 많이 드는 작업이었으며, 육로로 연결되어 있는 인접국으로부터 질병이 재유입될 가능성

또한 농후한 상태였다. 따라서 제한적 도축과 대량의 백신 접종이 유럽 국가들에게는 훨씬 합리적이었다.

영국 정부는 이러한 혼합 정책에 반대했다. 그들은 백신 접종 정책을 포기하고 살처분 중심 정책으로 개편하길 계속해서 다른 나라들에게 종용했는데, 1980년대 들어 그러한 영국 정부의 정책이 국제적 표준이 될 기회가 찾아왔다. 유럽 국가들 사이의 교역 장벽을 허물어 단일시장을 구축한다는 목표를 갖고 있던 유럽경제공동체(EEC)에서 구제역 백신 접종이 비접종국과의 교역을 저해할 것이라고 판단하고 백신 접종 중단을 추진했던 것이다.

1993년 유럽연합(EU) 출범이 예고된 상황에서, 1989년 유럽경제공동체는 구제역 통제 정책의 손익분석을 실시했다. 그 결과 강제적인 대량의 백신 예방접종보다는 전 유럽이 동참하는 살처분 정책이 비용 면에서 효율적이라는 결과를 얻었다. 결국 1992년 이후 모든 유럽연합 회원국에서 구제역 백신 접종을 폐지하고, 강제적 살처분 정책으로 전환하며, 백신을 접종한 가축 수입을 금지하는 정책이 실시되었다.

국제 가축질병 통제기구인 국제수역사무국(OIE)은 유럽의 이러한 살처분 중심 구제역 통제 정책에 따라, 구제역이 발생했을 경우의 국제적 가축 이동에 관한 가이드라인을 제정했다. 이 가이드라인은 전 세계 국가들을 '감염 발생국', '백신을 사용한 구제역 청정국', '백신을 사용하지 않는 구제역 청정국'이라는 세 개의 등급으로 구분함으로써 각 국가들이 구제역 방역을 위한 백신 접종을 지양하도록 유도했다. OIE의 이 같은 가이드라인 덕분에, 살처분 중심의 구제역 방역 정책은 유럽을 넘어 가축 수출을 희망하는 모든 국가들의 일반적인 규범으로 자리 잡게 되었다.

2001년 3월 영국 정부가 실시한 전면적 도살의 배경엔 이렇듯 국내외적으로 백신 접종을 배제하고 살처분 중심의 해결 방안을 권하는 상황이 가로놓여 있었다.

이게 더
싸게 먹힌다니까!!
착한 척 그만하고
함께해EU!!!
꾹 꾹
구제해
주고
싶다
헐
움머~

살처분 결정의 사회적 논리 : '보편적' 공공선

국제적인 구제역 방역 정책이 백신 접종 대신 살처분을 선택하는 기조를 형성했다면, '보편적 공공선'이라는 영국 내부의 사회적 논리는 이 같은 정책을 추진하고 그 정책의 실패를 정당화하는 주요한 장치가 되었다. 1950~1952년의 백신 관련 논쟁 당시부터 영국 정부는 보편적 공공선의 추구라는 명분으로 살처분 정책의 정당성을 옹호해 왔다.

영국의 관료들은 백신 접종을 주장하는 농부들이 국익을 고려하지 않고 자기 농장의 안위만을 추구한다고 비판했다. 이러한 주장의 전제는 "특정 개인이 아닌 영국 사회 전체의 이익을 보호하기 위해서는 구제역이 발생할 경우 백신 접종 없이 감염동물들이 살처분되어야 한다"는 것인데, 여기엔 백신 접종을 지지하거나 살처분에 반대하는 것이 농부들의 개인적 이해관계 때문이라는 논리가 함축되어 있다.

그들이 말한 영국 사회 전체의 이익 혹은 국익이란 무엇일까? 그것은 '백신 접종 없는 구제역 청정국' 지위를 유지함으로써 축산업 수출에 타격을 입지 않는 것이었다. 이 지점에서 우리는 영국 사회 전체의 이익과 동일시되는 '보편적' 공공선 담론에 담긴 두 가지 '국소성局所性'을 발견하게 된다. 하나는 보편적 공공선을 정의하는 잣대가 '경제적 관점'이라는 것이고, 다른 하나는 '영국 사회 전체의 이익'이라는 그럴싸한 표현과는 달리 실제로 이득을 얻는 집단이 축산업 수출과 관련된 특정 개인 혹은 집단들로 한정된다는 것이다.

경제적 관점에서 볼 때 구제역 방역과 관련된 보편적 공공선은 도시에 육류를 공급하고 외국에 축산물을 수출하는 경제활동의 손익 문제로 환원된다. 그리고 동물들은 인간에게 영양소를 공급하는 대상이자 가격이 매겨지는 상품으로만 인식된다. 하지만 환경적 관점이나 윤리적 관점과 같은 다른 관점에서 볼 경우, 보편적 공공선은 당연히 재정의될 수밖에 없다. 가축의 대량 살처분과 매립이 초래하는 농촌 환경 파괴, 농부와 수의사들의 정신적 피해, 동물 생명의 존엄성과 같은 윤리적 문제들이 고려되면 경제적 관점에서 옹호되는 살처분 중심의 방역 정책이 오히려 보편적 공공선에 어긋나게 되는 것이다. 보편적 공공선의 내용은 이렇듯 어떠한 관점을 취하는지에 따라 크게 달라지지만, 영국 정부는 오로지 경제적 관점에서 본 공공선만을 '공익'으로 간주하였다.

그러나 그 수혜자가 영국인 전체에 해당되는지는 매우 의문이다. 축산물 수출로 이득을 보는 집단은 축산 농가 중에서도 대규모 농장을 운영하는 기업형 농장주들로 한정된다. 소규모 농장주들은 대부분 국내 판매를 목적으로 가축을 기르며, 살처분 실시 이후 정부의 보상책만으로는 농장을 복구하기가 어렵다. 희귀한 품종들만을 기르고 판매하는 농가에게 살처분 정책은 특히 치명적이다.

2001년 3월의 대규모 살처분 이후 영국 관광산업이 심대한 타격을 입은 것을 고려해 보면, 경제적 손익으로 따져 보아도 그 이득은 결코 영국 사회 전체에 돌아가는 것이 아니었다. 결국 경제적 접근이라는 특정한 관점에 기초하고 대형 농장주들이라는 특정한 집단의 이익만을 강조하는 정책에 '보편적 공공선'이라는 외피를 씌웠던 것이다.

이렇듯 영국 정부는 '만들어진' 보편적 공공선의 논리에 따라 살처분 정책을 강행했다. 살처분을 거부하는 농부들은 사익만 추구하고 공공선은 저버리는 이들이었다. 정부의 구제역 통제가 적절히 이뤄지지 않은 것 또한 사익을 위해 살처분을 거부한 농부들의 이기심 탓으로 돌려졌다. 정부가 늑장 대응을 한 것이 아니라, 자신들의 가축 도축을 거부하는 소규모 농장주들의 저항 때문에 구제역 확산을 효과적으로 막지 못했다는 것이다.

비록 2001년 이후 그 적절성이 의문에 붙여지긴 했지만, 적어도 2001년 당시에 이 공공선 논리는 살처분 정책을 추인하고 정당화할 수 있게 만드는 강력한 사회적 근거였다.

2001 영국 구제역 사태 당시 살처분 현장(위, 아래)과 방역 현장의 경고문(가운데)

살처분 결정의 과학적 근거 : 환원적 역학 모델링

국제적 흐름이 살처분 정책을 일반화하고 보편적 공공선이라는 논리가 이를 정당화하는 사회적 근거가 되었다면, '역학 모델링'과 같은 기술들은 이 정책이 즉각적으로 집행될 수 있는 과학적 근거를 마련해 주었다.

여기에서 우리는 구제역 감염 역학 모델이 하나가 아니라 여러 개였으며, 그중 살처분 정책에 부합하는 모델링이 채택되었다는 점을 되짚을 필요가 있다. 많은 대안들 중 유독 살처분을 지지하는 환원적 역학 모델링이 선택된 것은 순전히 과학적인 이유 때문만은 아니었다. 다른 모든 '수행되지 않은 과학'들과 마찬가지로, 그것 역시 당시의 사회적·정치적 맥락들이 복잡하게 뒤얽힌 결과였다.

과학기술학자 존 로John Law에 따르면, 당시 구제역 감염 경로와 피해 확산을 계산하는 역학 모델은 크게 두 가지로 나눌 수 있었다. 하나는 런던 임페리얼 칼리지의 역학 모델링이고, 다른 하나는 서리 주州 수의학연구소(Veterinary Laboratories Agency, VLA)의 모델이다.

두 역학 모델은 결론의 확실성과 요인의 고려에서 크게 달랐다. 거칠게 말하자면 임페리얼 칼리지 모델은 신속하게 명확한 결론을 제공하지만 많은 변수들을 고려하지 않아 현실과 많이 다른 환원주의적 역학 모델이었고, VLA 모델은 수많은 변인들을 고려하기 때문에 현실에 훨씬 부합한다고 말할 수 있지만 계산이 느리고 분명한 결론을 제공해 주지 못한다는 단점이 있었다.

임페리얼 칼리지 모델은 확정론적deterministic이고, 상대적으로 쉽게 작동하며, 명확한 결과를 제공할 수 있었다. 대신 이 모델은 농장의 유형과 규모, 농장들의 공간적 분포와 지리적 차이 등을 세세하게 고려하지 않을 뿐더러 소·돼지·양과 같은 동물종들의 질병 감염 취약성·감염성·감염 기간 차이를 엄밀히 구별하지 않고 '평균적 동물average animal'을 상정했다.

반면 VLA 모델은 추계론적stochastic이며 각 농장들 사이의 거리에 대한 지리정보체계(GIS) 데이터, 농장 규모와 동물 밀집도, 서로 다른 동물종들의 분포, 종간 감염성과 취약성의 차이, 풍향과 같은 기상학적 변수들을 포함해 총 54항목을 모두 고려했다. 이 모델은 많은 변수들을 고려함으로써 훨씬 실제에 가까운 결론을 도출할 수 있었지만 지나치게 복잡해서 계산이 극도로 느리고, 결과에 대한 해석 또한 불분명했다.

다시 2001년 2월 말경의 영국 구제역 통제 현장으로 돌아가 보자. 당시 구제역 담당 관료들과 역학자들, 수의사들은 이미 구제역에 감염되었지만 발견되지 않은 가축들이 상당수라는 데 의견이 일치했으며, 측정 및 통제가 효과적으로 이루어지지 않는 상황에서 전염병이 영국 전역으로 확산되고 있다는 데 공감했다. 따라서 그들 모두 감염가축들을 진단하고 살처분하는 과정을 보다 신속히 처리해야 한다고 보았다. 다만 얼마만큼의 가축들을 도축해야 하는지에 대해서는 의견이 조금씩 달랐다.

3월 12일에 VLA 모델은 주요 감염종인 양들을 중심으로 발병 구역에 한정된 범위의 살처분이 필요하다고 예측했다. 그러나 3월 16일 임페리얼 칼리지 모델은 훨씬 강력한 살처분 정책을 취하지 않을 경우 감염률이 기하급수적으로 증가하여 5월 중순에 이르면 매일 1천 건 이상의 감염이 발생할 것이라는 계산 결과를 보고했다. 그리고 선제적으로 1.5~3킬로미터 이내의 모든 동물들을 살처분하자고 제안했다.

3월 21일에 구제역 방역 정책과 관련한 회의가 열렸고, 임페리얼 칼리지 모델을 지지하는 역학자들은 3킬로미터 이내의 모든 동물들에 대한 전면적 도축을 주장했다. VLA 모델을 지지하는 역학자들은 그 주장에 대해 회의적이었는데, 이는 수석 수의관이었던 짐 스쿠다모어Jim Scudamore의 비판에서 잘 드러난다. 그는 VLA 모델 지지자로서 이 모델에 입각해 임페리얼 칼리지 모델이 갖는 한계들을 지적했다.

스쿠다모어는 임페리얼 칼리지 모델이 2월 23일에 있었던 가축 이동 금지 조치를 충분히 고려하지 않았다고 비판했다. 그는 "만약 구제역 감염이 발병 지역 이외에서 새롭게 확인될 경우 그것은 2월 23일 가축 이동 금지 조치가 내려지기 전에 전염된 것"이라고 말하면서, 금지 조치 전후를 동등하게 가정하는 것은 문제라고 보았다. 이에 더해 임페리얼 칼리지 모델이 '평균적 동물 가설'을 사용하는 것에 대해서도 의문을 제기했다. 돼지나 소에 비해서 양은 구제역을 훨씬 덜 심하게 앓을 뿐만 아니라 감염률도 낮은 편이다.

그는 비록 23일 이전에 이동한 양들로 인해 영국-스코틀랜드 경계인 칼라일 지역 양들 사이에서 구제역이 확산되어 있지만 야생멧돼지 등 다른 종으로의 전염만 주의한다면 새로운 감염이 일어날 가능성이 낮으며, 구제역이 매우 느리게 확산되고 있는 상황이라고 진단했다. 임페리얼 칼리지 모델은 주요 감염동물인 양의 이러한 특성을 고려하지 않고 평균적 동물 가설을 바탕으로 훨씬 높은 감염률을 상정했기 때문에 그다지 현실적인 계산이 아니며, 이에 기초한 방역 정책을 입안하는 것은 적절하지 않다는 게 그의 주장이었다.

초기에 영국 정부는 VLA 모델을 받아들인 것처럼 보였다. 위기에 제대로 대처하지 못한다고 언론에게 뭇매를 맞던 농림부는 3월 15일 컴브리아의 발병 지역 3킬로미터 이내의 모든 양들을 구제역 확산 방지를 위해 선제적으로 살처분할 것이라는 정책을 공표했다. 그렇지만 새로운 감염 사례가 그 뒤에도 매일 보도되었으며, 정부 시책에 대한 여론의 따가운 비판이 이어졌다.

이런 상황에서 구제역 방역 정책에 관한 회의가 3월 21일에 열렸고, 임페리얼 칼리지 모델을 지지하는 역학자들의 수장이던 로이 앤더슨Roy Anderson은 VLA 모델이 부적절하다고 비판했다. 이 회의에는 영국 총리실의 수석 과학자문인 데이비드 킹 경Sir David King이 참석하고 있었는데, 그는 농림부가 구제역 사태에 적절히 대응하지 못한다고 보았을 뿐만 아니라 당시 농림부가 채택한 VLA 모델 역시 문제가 있다고 생각하던 참이었다. 당시 회의를 주재한 영국 식품규격청장은 임페리얼 칼리지 모델이 구제역 방역에 더 적절하다고 데이비드 킹 경에게 보고했으며, 같은 날 저녁 BBC 뉴스에 출연한 로이 앤더슨은 구제역이 농림부의 손을 벗어나 무차별적으로 폭주하고 있다고 강변했다.

결국 3월 말에 VLA 모델은 농림부와 함께 구제역 방역 체제에서 퇴출되었다. 3월 27일 구제역 통제 업무가 농림부에서 내각 상황실로 이전되었고, 임페리얼 칼리지 모델을 좇아 48시간 이내에 감염이 예상되는 모든 동물들을 도축하라는 지침이 전달되었다.

실패로 끝난 가축 대학살 : 2010~2011 한국 구제역 사태

결론부터 미리 말하자면, 2001년 영국의 구제역 사태 역시 언던 사이언스의 문제였다. 백신 접종 같은 대안적인 방역 정책들을 배제하고 살처분을 중시하는 영국식 방역 체계가 국제적인 과학적 관리 기준으로 침투하여 보편화되었다. 축산업의 경제적 이득이 영국인 모두의 공공선이라는 정부의 믿음은 또 다른 공공선이 존재할 수 있다는 가능성을 원천적으로 무시하게 만들었다. 복잡한 현실을 반영하는 VLA 모델 대신 임페리얼 칼리지의 환원주의적 역학 모델링이 방역 정책에 적절한 과학적 도구로 간주되었고, 이른바 '생명 안보' 담론은 영국 정부의 이러한 방침을 정당화하고 구제역 발생의 책임을 농부 개개인들에게 전가하는 데 일조했다. 살처분을 전제로 한 접근을 제외한 다른 과학지식에 대한 탐구가 전면 배제된 상태에서 극단적인 살처분 정책이 실시되었던 것이다.

언던 사이언스의 눈으로 검토해 얻은 이러한 진단들은 2010~2011년 한국 구제역 사태의 양상과 그것을 둘러싼 맥락들을 조금이나마 이해할 수

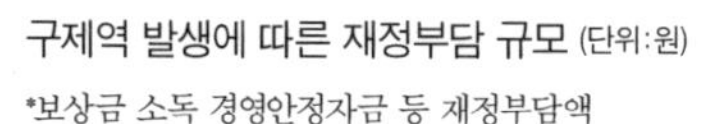

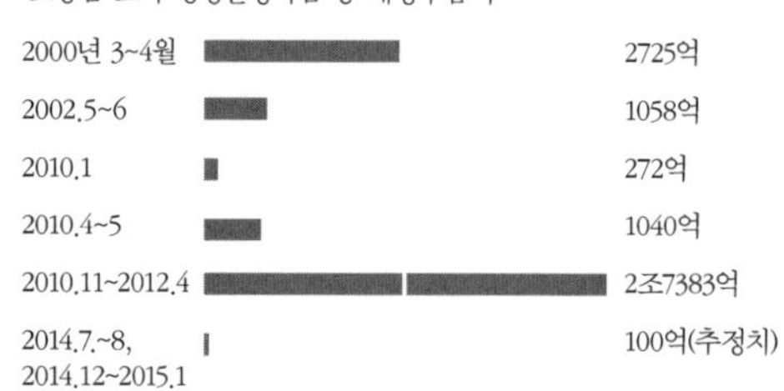

자료 : 농림축산식품부

2010-2011 한국 구제역 살처분 현장(좌)과 정부의 재정 부담 규모(우)

있게 만든다. 감염이 확인된 가축이 1천700여 마리뿐이었던 상황에서 2조 7천억 원의 예산과 197만 명의 인력을 동원해 480만 마리 이상의 소와 돼지, 사슴과 염소를 살처분했던 2010년의 한국 구제역 방역책은 2001년 영국 정부의 조치와 정확히 일치하는 선제적 살처분 정책이었다.

그러나 해방 이후 한국에서 처음으로 구제역이 발병했던 2000년에 정부는 이 같은 선제적 살처분 정책 대신 전면적 예방접종 정책을 실시했었다. 왜 한국 정부는 2001년 영국의 재앙을 확인하고서도 이후 같은 정책을 좇게 되었는가? 과학기술학자 조아라에 따르면 이는 구제역이 재발했던 2002년에 확립된 한국식 구제역 방역책과 관련이 있다.

구제역이 발생한 2002년 5월은 한일월드컵 개최 직전의 시기였고, 국제수역사무국(OIE)으로부터 청정국 지위를 획득한 지 1년도 안 되었을 뿐만 아니라, 정부가 돈육 수출을 위해 구제역 재발 방지를 강력히 천명한 상태였다. 2000년 구제역 사태 이후 설립된 〈가축방역협의회〉의 수의학 전문가 및 축산업 이해관계자들은 '신속한 문제 해결'을 위해 발생 농장 반경 3km 이내 모든 우제류*에 대한 선제적 살처분을 권고했고, 정부는 이 권고안을 받아들여 구제역 조기 청정화를 이루었다.

2002년 구제역 진압의 '성공'은 한국의 구제역 방역 정책에 선제적 살처분을 주요 프로그램으로 포함시키는 계기가 되었다. 이러한 성공적 '예방' 경험에 더해, 농림수산식품부의 경제(중심)적 관점 또한 선제적 살처분을 이끄는 주요 동인이 되었다. 2010년 12월 국무회의에서 다른 부처들은 살처분을 통한 도살 범위 확대에 문제를 제기했으나 농림수산식품부의 입장은 강경했다. 백신 접종 중심의 방역책은 한국 정부가 구제역 관리를 포기하고 우제류 수출을 중단하겠다는 의사 표시로 외국에 비칠 뿐 아니라, OIE로부터 구제역 청정국 지위를 보장받기도 어려우므로 선제적 살처분이 꼭 필요하다는 주장이었다.

하지만 2001년 영국 구제역 사태 때와 마찬가지로 한국에서도 살처분 정책을 통해 이득을 볼 수 있는 축산업자들은 제한되어 있었다. 예를 들어 돼지는 주요 수출 품목 중 하나이므로 양돈 농가는 선제적 살처분을 통해 이득을 얻을 수 있었지만, 국내 시장을 주 대상으로 하는 한우나 젖소 사육 농가는 살처분으로 인해 가축을 잃는 손해가 정부의 보상보다 훨씬 더 컸다.

농장 규모에 따라서도 경제적 이득 여부가 엇갈렸다. 대규모 축산농장을 운영하며 수출까지 염두에 둔 기업형 축산 농가에서는 OIE의 구제역 청정국 지위를 획득하기 위해 선제적 살처분을 지지했으나, 국내 소비에 의존하는 소농들에게 그것은 곧 파산을 의미했다. 영국처럼 네슬레Nestle나 대기업형 농장주들의 이해관계가 강력히 반영되어 선제적 살처분 정책이 실시된 건 아니었지만, 한국 정부가 실시한 살처분의 근거인 경제적 논리는 영국에서와 마찬가지로 모두의 이득이 아니라 일부에게만 해당되는 이득이었던 것이다.

* 발굽이 있는 초식동물을 뜻하는 '유제류(有蹄類)' 중에서 소·돼지·양·염소·사슴처럼 발굽이 짝수인 동물군을 우제류(偶蹄類), 발굽이 홀수인 동물군을 기제류(奇蹄類)라 부른다. 구제역은 우제류에게 발생하는 전염병이다.

2010~2011년 한국 정부의 선제적 살처분 방역책은 참혹한 실패로 끝났다. 자그마치 480만 마리의 가축들을 살처분했음에도 불구하고 구제역은 제압되지 않았다. 구제역 방역 책임은 농림수산식품부 산하 가축방역협의회에서 행정안전부 중앙재난안전대책본부로 옮겨졌고, 방역책도 전국적인 백신 접종과 감염가축만을 대상으로 한 부분적 살처분으로 바뀌었다.

간신히 종결된 것으로 보였던 구제역은 최근 다시 재발 조짐이 보이고 있다. 2014년 12월 3일 충청북도 진천군에서 구제역 확진이 이루어진 이후 1월 중순에는 경기 및 경북 지역까지 확산되고 있으며, 확진 판정을 받은 농가들의 소·돼지·사슴들에 대한 살처분이 이루어졌다. 그러나 지금은 2001년 영국이나 2010~2011년 한국 구제역 사태 때와는 다른 종류의 문제들이 쟁점으로 부상하고 있는 것처럼 보인다.

2010~2011년 사태 이후 한국 정부는 청정국 지위를 포기하고 적극적으로 백신 접종을 확대하는 정책을 폈으며, 이번에도 전적으로 살처분에 의존하기보다 농가의 가축들에게 긴급 백신 접종을 실시하는 전향적 모습을 보이고 있다. 새로운 논쟁점은—백신 접종에도 불구하고 구제역이 계속 발생하고 있는 상황을 고려해 볼 때—접종한 백신의 효과가 떨어지는 것인지, 아니면 농가 측에서 백신 접종을 꺼려 발생한 일인지 여부이다.

일부 언론과 농가들은 해외 연구들을 빌려, 최근 확진된 소와 돼지들에게서 발견되는 구제역 바이러스는 새로운 변형 바이러스일 뿐만 아니라 정부가 보급한 백신의 항체 형성률이 낮아 예방 효과가 떨어져서 발병한 것이라고 판단한다. 반면 정부와 방역 당국은 바이러스에 변이가 있더라도 현재의 백신으로 관리 가능한 O타입 바이러스이고, 이 백신이 광범한 항원성을 갖고 있기 때문에 접종을 확대함으로써 구제역 확산을 막을 수 있다고 진단한다. 그리고 최근 발병한 구제역은 농가에서 백신 접종을 소홀히 하거나 꺼리는 바람에 누락된 개체들에서 비롯되었다고 주장한다.

백신과 관련한 과학적·사회적 논쟁이 현재진행형인 상황에서 무엇이 옳은지 정확하게 판단하는 것은 불가능하다. 그러나 보다 합리적인 이해 방식을 채택할 수는 있는데, 그것은 바로 언던 사이언스의 관점을 취하는 것이다.

'용의자 X론'은 2001년 영국, 그리고 2010~2011년과 2015년의 한국 구제역 사태에서 해당 정부가 특정 집단의 정치적·경제적 이해관계에 얽매여 과학적으로 적절하지 않은 정책을 채택하고 있다는 시각을 견지할 것이다. 그러나 이 장에서 드러났듯이 2001년 영국 구제역 사태에서 영국 정부가 내렸던 '비합리적인' 정책적 결정 또한 '합리적인' 과학에 기대어 이뤄진 것이었다.

이는 2015년 현재 한국에서 백신 접종을 중심으로 이루어지는 구제역 관련 논쟁에도 동일하게 적용된다. 현재 한국 정부의 방역 조치와 이에 대한 문제제기가 어떠하든, 이것들은 모두 나름의 과학적 증거와 논리들 그리고 국소적인 경제적 근거에 기초하여 이루어지는 판단과 주장들이다.

따라서 어떠한 정책 결정이 과학적으로 옳고 그른지를 따지기보다는 구제역 백신과 관련한 과학적 불확실성을 인정하고, 방역을 둘러싼 논쟁과 정책 결정 과정에서 배제된 또 다른 과학적 근거·사회적 논리·경제적 근거가 무엇인지, 왜 배제되었는지를 살펴야 한다. 그 대안과 질문들에 대한 사회적 주목을 요청하고 그것을 논쟁이 이루어지는 공론장으로 끌어들이는 작업이 필요한 것이다.

6장

신자유주의 시대의 건강 불평등
: 임상시험과 소외질환 연구에서 잊혀진 것들

현대과학에서 '용의자 X론'의 관점이 가장 적절해 보이는 분야 가운데 하나는 국제보건의료global healthcare 영역이다. 남반구와 북반구 국가들 사이의 건강 불평등을 해결하기 위한 보건의료 연구에 대해 '용의자 X론'은 대체로 다음과 같은 시각을 견지한다.

> 국제보건의료 연구는 인류의 건강을 증진시키려는 '순수한' 의도의 연구들 vs 거대 제약회사의 독점이윤을 높이기 위해 수많은 사람들의 죽음을 방치하고 악용하는 '불순한' 연구들로 나뉜다. 모든 것을 시장에 맡기는 신자유주의가 전 지구적으로 확산되면서, 순수하고 객관적인 과학을 왜곡시키는 후자의 연구들이 주류를 이루게 되었다.
> 신자유주의는 인간의 존엄한 가치와 권리들을 침해하고 파괴시킨다. 그러므로 우리는 인권을 존중하는 생명윤리의 보급을 통해 거대 자본에 의한 건강

불평등 상황을 타개해 나가야 한다.

예를 들어 선진국에서 주로 발생하는 비만이나 암, 당뇨 등에 대부분의 의학 연구들이 집중되고 있는 상황을 문제 삼고, 개발도상국의 일반적 질병인 말라리아나 기타 소외질환neglected diseases 연구에 더욱 많은 예산을 부여해야 한다. 뿐만 아니라, 생명윤리의 제도화를 통해 인류의 죽음을 방치하는 잘못된 임상시험들이 진행되는 것을 막아야 한다.

이러한 시각에 기초한 투쟁들이 더 나은 세상을 만드는 데 기여해 왔다는 사실에는 의심의 여지가 없지만, 언던 사이언스의 관점은 신자유주의 시대의 전 지구적 보건의료 문제가 선과 악의 구도로 단순하게 구분하기엔 너무나 복잡하다는 점을 우리에게 보여 준다. 특히 '용의자 X론'이 견지하는 '보편적 윤리'에 대한 신념이 어떻게 그 윤리를 무너뜨리는 행위들을 간과하게 만드는지 드러낸다.

지금 우리에겐 보건의료의 신자유주의화를 상업적 요인에 의한 과학 왜곡으로 보는 단순한 비판보다는, 신자유주의적 맥락과 과학의 실제적·실천적인 활동이 뒤얽힌 복잡한 동학을 경험적으로 탐구하는 일이 더 시급하다. 이는 신자유주의를 제대로 비판하기 위해서라도 꼭 필요한 일이다.

'용의자 X론'은 확실한 과학적 진리에 대한 믿음뿐만 아니라 올바른 윤리적 가치에 대한 신념을 종종 동반하는데, 이 장에서는 바로 그 보편적·윤리적 가치의 정수로 여겨지는 생명윤리 제도가 만들어 낸 배제들을 탐구한다. 이에 더해, 남반구 국가들에 만연한 열대 풍토성 소외질환(NTD : Neglected Tropical Disease)들을 해결하려는 국제보건의료계의 노력이 신자유주의화와 결합되면서 어떤 문제를 낳는지 검토한다.

이를 통해 우리는 국제보건의료 영역에서 종종 윤리의 이름으로 생명윤리가 무시될 뿐만 아니라, 세계 각지에서 발생하는 건강 불평등 문제들을 해결할 수 있는 즉각적인 조치들이 간과되고 있음을 발견하게 될 것이다.

제2차 세계대전은 인체와 관련된 과학 연구의 실행에 막대한 영향을 끼쳤다. 생명윤리의 제도화 역시 전쟁 경험이 낳은 산물이었다. 나치 독일을 위시한 여러 파시스트 국가에서 자행된 인체실험과 대량살상의 비극에 대한 반성 속에서, 인체 연구의 기본 지침이 되는 「뉘른베르크 강령the Nürenberg Code」이 1948년에 선포된다. 뉘른베르크 강령은 현재에도 생명윤리의 핵심으로 꼽히는 '사전 고지에 입각한 동의informed consent', 즉 연구 대상자가 충분한 설명을 들은 후 자신의 의지에 따라 실험 참여를 결정해야 한다는 확고한 기준을 세웠다.

이후 세계의사회의 주도로 1954년부터 인체실험에 관한 윤리적 지침이 꾸준히 모색되었으며, 이는 1964년 세계의사회 18차 총회의 「헬싱키 선언Dedararion of Helsinki」으로 이어졌다. 이 선언은 치료적 실험과 비치료적 실험을 구분하고, 환자를 대상으로 하는 실험에서도 건강한 피험자에게 적용되는 윤리적 원칙을 똑같이 적용하도록 제안했을 뿐만 아니라, 학술저널들이 이 원칙을 준수하는 논문들만 게재하길 요구하면서 생명윤리 제도화의 중추가 되었다.

「헬싱키 선언」은 현재까지 여섯 차례에 걸쳐 개정되었다. 가장 핵심적인 변화는 인체실험의 윤리성에 대해 평가하는 기관연구심의회(IRB : Institutional Review Board) 구성(1989)이었는데, 이는 2차대전 이후 인체를 대상으로 한 연구 가운데 가장 악명 높은 실험으로 알려진 미국 앨라바마 주의 터스키기Tuskegee 매독 연구가 불러온 사회적 파장에서 비롯된 것이었다.

1936~1973년 사이에 의학저널에 정기적으로 실험 결과가 게재된 이 연구는 1932년 미국공공보건국(USPHS)이 이 지역 아프리카계 미국인들 중 매독 환자가 많다는 점에 착안하여, 이 질병이 삶에 끼치는 영향에 대해

장기간 추적 조사를 실시한 것이었다. 놀라운 것은 장장 40여 년에 걸친 조사 기간 동안 정부 당국이 피험자들에게 실험 내용을 알리지 않았고, 그들의 치료를 적극적으로 막았으며, 수많은 연구자들이 관련 내용을 정기적으로 보고받았지만 아무도 그 비윤리성에 대해 문제제기를 하지 않았다는 점이다.

미국 보건부의 피터 벅스턴Peter Buxton이 언론에 문제점을 폭로한 이후 미국 의회는 여론의 압박 속에서 1973년 〈생의학 및 행동과학연구 실험 대상자 보호를 위한 국가위원회〉를 설립했고, 1974년에는 「국가연구법」을 제정하여 인체 관련 실험 때 IRB의 심의와 사전 고지에 입각한 동의를 의무로 삼도록 제도화했다. 이를 좇아 세계의사회에서 1983년~1989년 사이 수차례 개정을 통해 IRB의 의무화 조항을 마련했고, 현재 한국을 포함한 대부분의 인체실험 국가들이 이를 따르고 있다.

이렇게 의학 연구에 대한 '전 지구적 차원의 보편적 기준'이 마련되는 것과 함께, 의학 연구의 불평등에 대한 문제제기 또한 꾸준히 있어 왔다. 생명윤리의 제도화에 박차가 가해진 1970년대는 페니실린 발견에서부터 천연두·소아마비·말라리아 퇴치가 가시화되던 시절로, 항생제와 백신이 전염병과의 전쟁에서 마침내 승리하고 있다는 인상을 인류에게 심어 주었다. 그러나 1990년대에 들어서면서, 그와 같은 승리가 오직 선진국에서만 이루어졌고 개발도상국에선 말라리아와 결핵을 비롯한 다수의 전염병들이 여전히 창궐하고 있다는 사실이 분명해졌다. 여러 비정부기구 및 정부기구들, 학자들은 개발도상국에서 발생하는 문제들에 전 세계가 관심을 갖고 이를 해결하기 위해 자원을 투여할 것을 요청했다.

이미 1950년대 무렵부터 록펠러재단, 카톨릭구제회(CRS), 국제원조구호기구(CARE), 월드비전, 버로우웰컴기금 같은 NGO 혹은 자선단체들이 세계보건기구(WHO) 및 유니세프(UNICEF)와 함께 국제보건 향상을 위해 다방면으로 활동하고 있었다. 1990년대 말부터 〈게이츠 재단Bill & Melinda

Gates Foundation〉을 비롯한 더 많은 자선단체들이 설립되었고, 미국 정부는 이들과 함께 북반구—남반구 국가들 사이의 건강 불평등 해결을 위해 노력할 것임을 천명했다.

이러한 노력은 백신과 항생제 개발 능력이 없는 남반구 국가들을 대신해서 의약품들을 개발, 보급하는 쪽으로 초점이 맞추어졌다. 미국 국립아카데미 산하 의학연구소의 국제보건위원회는 2009년 보고서에서 말라리아와 결핵 등 소외질환들에 대한 연구와 기술 확산을 통해 국제보건 문제가 해결될 수 있음을 분명히 했다.

보편적 생명윤리와 소외질환에 대한 연구비 투자라는 두 칼날로 무장한 국제보건의료는 그러나 1990년대 초부터 인간 사회의 모든 영역에서 일어난 또 다른 전 지구적 변환인 신자유주의와 맞물리면서 결정적으로 뒤틀리게 된다.

기술	기술 도입 이전 연간 사망자 (참조 연도)	기술 도입 이후 연간 사망자 (참조 연도)
소아마비, 디프테리아 백일해, 파상풍, 홍역	~ 5,200,000 (1980)	1,400,000 (2001)
천연두	~ 3,000,000 (1950)	~ 0 (1979)
아프리카 외부 지역 말라리아	~ 3,500,000 (1930)	〈 50,000 (1990)
아프리카 지역 말라리아	~ 3,500,000 (1930)	1,000,000 (1990)

의료기술의 발달 및 도입과 그에 따른 연간 사망률의 감소는 기술 발전에 대한 투자와 기술 확산을 통해 국제보건의료 문제를 해결할 수 있다는 믿음을 촉진시켰다. (자료 : 국제 IDEA 과학자문위원회, 2004).

세계적인 비판적 지성으로 손꼽히는 데이비드 하비David Harvey*는 신자유주의를 "강한 사적 소유권과 자유시장, 자유무역으로 특징지어지는 제도적 틀 속에서 개별 기업의 자유를 자유화함으로써 인간 복지가 최대한 향상될 수 있다는 정치경제학적 이론이자 신념"이라고 설명한다. 그 이론에 따르면 국가는 수도·교육·보건·환경·사회보장처럼 시장이 존재하지 않는 영역에 대해서는 시장 창출을 위해 적극적으로 개입해야 하지만, 시장이 창출된 이후에는 그것이 원활히 작동하도록 사적 소유권을 보장하고 화폐의 통합성과 질을 보장하는 것으로 역할이 한정된다.

1970년대 이후 이러한 신자유주의적 사고가 전 지구적으로 확산되면서 '사회보장 영역에서의 탈규제, 사유화, 국가의 후퇴'라는 세 흐름을 만들어 냈다. 전통적으로 주요 사회보장 영역 가운데 하나였던 일반보건의료와 국제보건의료 또한 신자유주의의 영향으로 격변을 경험했다.

'용의자 X론'의 관점은 신자유주의가 어떠한 문제를 만들어 내는지를 너무나 분명하게 보여 준다. 예를 들어 의료사회학자 존 아브라함John Abraham은 국제조화회의(ICH : International Conference on Harmonization)**와 같은 전 지구적 임상시험 관리체제의 확산이 제약산업의 이해에 맞서 임상시험을 강하게 규제하는 방향으로 나아가기보다는 새로운 자본 창출을

* 지리학, 경제학, 인류학 등 다양한 분야에서 독창적인 연구 업적을 쌓아 온 영국 출신의 마르크스주의 이론가(1935~). 뉴욕시립대 인류학과 석좌교수이며 『신자유주의A Brief History of Neoliberalism』 『반란의 도시Rebel Cities: From The Right To The Urban Revolution』 『신자유주의 세계화의 공간들Spaces of neoliberalization: towards a theory of uneven geographical development』 등 많은 저서를 남겼다.

** 신약 연구개발에 필요한 기술자료의 통일적 지침 마련을 위해 1990년에 미국, EU, 일본이 구성한 회의로서 의약품의 안전성(Safety), 유효성(Efficacy), 품질(Quality), 종합(Multidisciplinary) 분야에 대해 약 70종의 규정을 작성, 발표했다.

목표로 하는 신자유주의와 맞물려 탈규제화를 일으키고 있음을 지적했는데, 이는 어떻게 우리 시대의 거대 제약회사들이 건강을 이윤 창출의 도구로 활용하는지를 여실히 드러내는 것이다.

그러나 신자유주의가 국제보건의료에 미치는 영향을 단순히 "제약회사의 의도대로 규제 제도를 왜곡시킨다"고만 이해하기에는 너무도 다양하고 복잡한 굴절들이 발생해 왔는데, 그중 하나가 바로 새로운 형태의 건강관리 방식의 출현이다. 과학기술학자 질 피셔Jihl Fisher는 시민의 건강을 시민 개인에게 맡기는 신자유주의의 특성이 임상시험 산업의 팽창과 만나면서, 개인이 자신의 건강을 임상시험 참여를 통해 관리하는 새로운 형태의 건강관리 방식이 출현한다고 주장했다.

1980년대 이후 서구에서 복지국가 모델이 쇠퇴하면서 국가는 개별 시민의 건강관리를 개인에게 떠넘기기 시작했다. 이 같은 건강관리의 개인화로 인해, 보건의료의 혜택을 받지 못하는 저소득층 주민들은 치료를 받기 위해 이런저런 임상시험에 참여하게 된다. 그러나 임상시험의 목적은 피험자의 질병을 치료하거나 건강을 관리하는 것이 아니라 새로운 약물 또는 수술의 효과를 파악하는 데 있다. 이러한 모순 속에서 수많은 개인들의 건강이 위험을 떠안은 상태로 관리되고 있는 것이다.

이런 현상은 미국 같은 선진국에만 존재하는 게 아니다. 일례로, 보건의료 체계가 전무한 상황에서 우간다인들이 자신들의 건강을 관리하려면 다국적기업이 제공하는 임상시험에 매달릴 수밖에 없다. 이는 단순히 대형 제약회사들의 불순한 목적에서 비롯된 문제가 아니라, 신자유주의라는 거대한 흐름이 각 지역과 국가들이 처한 국소적인 정치경제적 맥락들과 접합하면서 발생하는 문제들이다.

인체 연구에서 보편적인 윤리적 가치 실현의 절차적 정당성을 마련하고자 했던 지난 50여 년간의 노력들 또한 보건의료의 신자유주의화와 맞물리면서 예기치 못한 문제들을 낳고 있다.

자본, 생명윤리를 비윤리적으로 전유하다

사전 고지를 통한 동의와 IRB 제도로 무장한 생명윤리 체계는 임상시험의 지구화와 함께 세계 각지로 확산되어 하나의 규범으로 자리 잡았다. 생명윤리에 대한 이러한 규범적 접근은 그러나 종종 '윤리'의 이름으로 무력화된다. 가장 전형적인 사례가 1990년대 우간다에서 있었던 에이즈(AIDS) 관련 임상시험이다.

의료인류학자 폴 파머Paul Farmer는 1994~1998년 사이 우간다에서 HIV 양성반응자와 음성인 배우자로 이뤄진 부부들을 추적 관찰하여 부부 사이의 HIV 전파 양상을 탐구한 무작위 대조군 시험 사례를 검토했다. 이 사례에서 제약회사는 터스키기 시험 때의 미국 정부와 마찬가지로 대조군에게 어떠한 치료도 제공하지 않는 비윤리성을 보였고, 이는 「헬싱키 선언」에 '위약 대조군에게도 최소한의 치료를 제공해야 하고 IRB의 심의를 반드시 받아야 한다'는 개정안을 삽입하는 계기가 되었다.

그러나 이렇게 생명윤리의 제도적·절차적 방안을 마련하는 데 집중한 정책은 예기치 못한 문제들을 낳았다. 그중 하나는 상업적 착취를 정당화하는 근거로 생명윤리의 이름이 이용되는 것이다. 예를 들어 제약회사의 변호사들은 아프리카 지역의 열악한 보건의료 환경을 지적하며, 제약회사가 대조군 시험에서 위약 집단에게 약물을 전혀 제공하지 않거나 최소한의 수준으로만 제공하더라도 전체적으로 볼 때 이 임상시험 자체가 해당 지역의 보건의료 향상에 기여한다고 주장했다.

체르노빌 원전 사고(1986)에 대해 연구한 의료인류학자 아드리아나 페트리나Adriana Petryna는 미국과 일본 등 선진국의 과학자들이 우크라이나 피폭자들을 돕는다는 명분으로, 즉 '인도주의'와 '생명윤리'의 이름으로 「헬싱키 선언」에 제도화되어 있는 원칙들을 무시하고 피폭자들을 임상시험의 재원으로 동원하는 모습을 목격했다. 사전 고지에 의한 동의라는 원칙을

1986년 4월 26일 구 소련 우크라이나의 체르노빌 원자력발전소에서 발생한 사상 최악의 원전 사고 현장(위)과 방사능 피폭 후유증에 시달리는 아이(아래).

지키는 것보다 더 중요한 건 환자의 생명이라면서 구 소련에 찾아 온 미국의 과학자들은 대부분 방사선 전문가였다. 그들 가운데 실제로 피폭자들을 치료할 의사는 단 한 명에 불과했다.

이렇듯 보편적 생명윤리가 만들어 놓은 제도적 절차들은 신자유주의 상황 속에서 역설적이게도 '윤리'의 이름으로 빈번히 무시되고 있다. 보편적 가치에 입각한 제도적 절차들이 세계 각 지역의 문화적·정치적·사회적 특수성과 현실적 조건들을 제대로 반영하지 못해 오히려 상황을 비윤리적으로 이끌어 가기도 한다.

의료인류학자 카우직 순데르 라잔Kaushik Sunder Rajan은 인도 파헬 지구의 빈민들이 공장 폐쇄로 인해 직장을 잃고 임상시험에 참여해야만 삶을 연명할 수 있는 상황으로 내몰리는 현실을 그리면서, 사전 고지를 통한 동의가 사실상 무의미하다는 것을 보여 주었다. 인도뿐 아니라 미국과 한국에서도 여러 사람들이 종종 생활비나 등록금 마련의 목적으로 자신의 '건강'을 판매하는 모습을 우리는 쉽게 마주칠 수 있다.

'용의자 X론'이 생명윤리를 준수한 과학 연구와 준수하지 않은 과학 연구를 구분하고 후자를 비난하는 데 그치는 것과 달리, 언던 사이언스의 관점은 현재의 생명윤리 연구 및 규제 제도가 잡아내지 못하는 공백을 드러낸다. '거대 제약자본에 의한 왜곡'이라는 단순한 테제 너머에 도사린 또 다른 문제들! 새로운 건강관리 방식 출현, 자본 창출에 이용되는 인도주의 등 생명과학을 켜켜이 둘러싼 그 복잡한 결들은 국제보건의료 연구의 또 다른 축인 소외질환 연구에서도 드러난다.

소외질환 연구가 외면한 지점들

현재 세계보건기구는 HIV/AIDS, 결핵, 말라리아 그리고 열대 풍토성 소

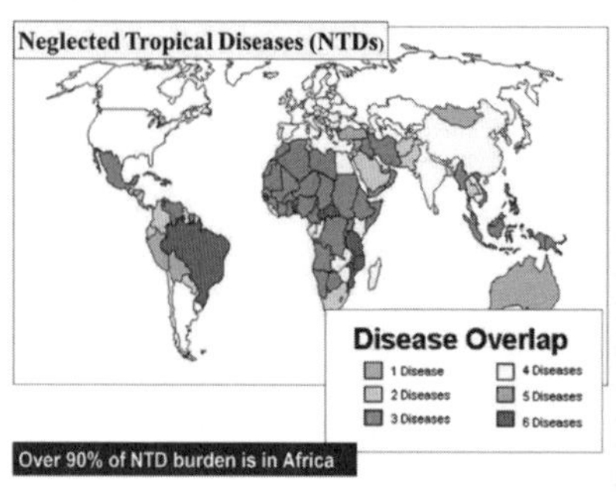

열대성 소외질환(NTD) 분포도(좌)와 〈국제 말라리아 컨소시엄〉의 포스터(우). 분포도에서 드러나듯 지구상에 존재하는 NTD의 90%가 아프리카 지역에 몰려 있다.

외질환(NTD)이 아프리카 지역의 건강 문제를 악화시키는 요인들 중 32%를 차지한다고 판단하고, 이 질병들의 퇴치를 위한 예방과 치료에 주력하고 있다. 각국 정부와 여러 자선재단을 비롯한 국제보건의료의 주요 행위자들도 아프리카에서의 질병 퇴치에 막대한 재원을 쏟아붓고 있는데, 과학기술학자들은 이 과정에서 놓치거나 배제된 지점들이 무엇인지를 꾸준히 지적해 왔다. 말라리아에 대한 국제보건의료 연구가 이를 잘 보여 준다.

1930년대 한 스위스 기업이 살충제 DDT를 발명한 이후, 1955년 세계보건기구(WHO)는 DDT를 말라리아 퇴치의 주요 도구로 삼고 전 세계적 차원에서의 박멸을 선언했다. 하지만 사하라사막 이남의 말라리아는 풍토병일 뿐만 아니라 지역적 특성 때문에 예방이나 치료 활동이 어렵다고 판단되어 박멸 프로그램에서 제외되었다.

1970년대까지 18개국이 말라리아 박멸을 성취한 가운데, 살충제 살포에 투입되는 비용 부담이 생각보다 막대하고 DDT 내성을 가진 모기 종의 개체 수가 증가하면서 대처 방안에도 변화가 생겨났다. WHO는 말라리아 퇴치 패러다임을 질병 매개체인 모기 퇴치에서 약물을 통한 환자 치료로 옮겼고, 이를 각국의 보건의료 체계 내에 포함시켜 문제를 해결할 것을 국제사회에 제안했다. 그러나 사하라 이남의 아프리카 지역에서는 국제기구들의 도움 없이 질병 퇴치 프로그램을 진행하는 게 불가능했고, 이 지역에서도 DDT에 내성을 가진 모기 수가 점점 늘어나기 시작했다.

이런 상황에서 2000년대에 새로 설립된 〈게이츠 재단〉이 아프리카 지역의 말라리아 퇴치를 위한 예산 투여를 선언했다. 이에 힘입어 말라리아 연구 및 통제를 위한 국제 기금액은 2004년 2억5천만 달러에서 2008년 11억 달러로 급증하였다.

중요한 점은 이 예산들이 대부분 말라리아에 대한 최신 생명공학 '연구'에 할당되었다는 것이다. 게이츠 재단은 말라리아 백신 연구, 유전적 요소를 통제할 전략 연구, 약물 저항을 야기하는 말라리아 유전체 탐구, 모기의 치사 유전자lethal gene나 유전자 변형 모기들을 개발하여 질병과 숙주의 라이프 사이클을 단축시키는 연구 등에 몰두하는 젊은 연구자들과 기업가들에게 예산을 제공했다. 이렇듯 연구에 초점을 맞춰 남반구 국가들의 건강 불평등을 해결하려는 것은 소외질환들에 대한 국제보건의료의 일반적 방침이다.

알렉스 브로드벤트Alex Broadbent는 말라리아나 결핵 같은 열대 풍토성 소외질환에 대한 국제사회의 대응을 검토하면서, 연구에 예산을 집중 투여하는 현행 방식이 지금 당장 실현 가능한 대안들을 놓치는 데 일조하고 있다고 지적한다. 일례로 WHO와 미국 질병관리본부(CDC)의 소외질환 목록에 등재되어 있는 인도마마yaws는 1950년대에 페니실린을 통해 세계 여러 지역에서 이미 퇴치되었던 질병들 중 하나이며 인도에서는 2004년 이후 박멸에 성공했음에도 불구하고, 현재 인도마마에 대한 국제보건의료 예산은 대부분 신약 개발에 투여되고 있다.

생명공학
신약
유전공학
소외질환

이런 상황은 곧바로 신자유주의와의 접합으로 연결된다. 건강과 질병이 새로운 시장 창출의 영역이 되면서, 국제보건의료를 이끄는 국제기구들과 국가들 역시 말라리아나 인도마마 같은 질병 퇴치 작업을 일종의 영리 활동으로 이해하기 시작했다. 그에 따라, 이미 존재하는 현실적 대안들보다는 이윤 창출이 가능한 신약 연구개발이나 유전공학 연구에 더 많은 예산을 부여한다.

브로드벤트는 현대의 전염병 역학epidemiology이 견지하는 '다요인적 위험multifactorial risk'의 관점이 우연찮게 이러한 상업적 작업을 추동할 뿐 아니라, 즉각적인 해법을 외면하는 데에도 동원되고 있다고 지적한다. 가령 생명공학 기업들은 인도마마의 주된 발병 원인이 명백함에도 불구하고, 효과적인 예방 프로그램을 제공하는 대신 수많은 발병 가능성들을 제시하며 그에 관한 연구 예산을 획득한다. 다요인적 위험이라는 개념을 기업들이 하나의 사업 전략으로 사용하고 있는 것이다.

소결

자본의 사업 전략이 되어 버린 생명윤리

이 장에서 우리는 지구촌의 건강 불평등을 해결하려는 국제보건의료 영역의 활동을 언던 사이언스의 눈으로 탐구했다.

생명윤리의 제도화에도 불구하고 우간다나 우크라이나에서 윤리의 이름으로 비윤리적 실험들이 정당화되고, 인도의 파텔을 비롯한 여러 지역에서 사회경제적 조건 때문에 인체시험에 참가하는 사람들에게는 사전 고지를 통한 동의가 사실상 무력함을 확인했다. 이에 더해, 남반구에 만연한 열대 풍토성 소외질환들을 해결하려는 전 지구적 노력이 '연구비 투자'에 집중되면서 이미 현실적으로 충분히 실현 가능한 예방책들에 대해서는 예산이 투자되지 않는 상황 또한 발견했다.

신자유주의라는 거시적인 정치경제적 변화는 이렇듯 국제보건의료 영역에 커다란 영향을 끼쳤지만 그 양상은 '용의자 X론'이 주장하는 단순한 선형적 방식과는 다르다. 언던 사이언스의 관점은 보편적 가치로 간주되는 '윤리'가 (본래의 의미와 달리)상업적 이윤 획득에 이용되고 있음을 드러낸다. 또한 선진국 질병에만 연구 예산을 투여한다는 (그 자체로는 매우 정의로운)비판이 중요한 문제를 간과하고 있음을 드러낸다. 그건 바로, 질병 퇴치의 해법을 오로지 새로운 과학기술 연구와 개발에서만 찾으려 하는 작금의 경향이다.

'용의자 X론'을 내세우는 사람들은 언던 사이언스, 즉 '수행되지 않은 과학'이라는 개념을 종종 어떤 연구에 예산이 투여되느냐 안 되느냐에 대한 논의로 환원시키곤 한다. 하지만 소외질환을 둘러싼 일련의 흐름은, 연구비 투자 여부에 초점을 맞추는 프레임 자체가 재검토되어야 한다는 것을 우리에게 시사하고 있다.

7장

현대과학의 젠더 정치

: 유방암 연구와 여성건강운동

2013년 9월 15일 오전 10시, 수천 명의 사람들이 미국 오레곤 주 포틀랜드 시내 대로를 가득 메운 채 걷기 시작했다. 행렬에 참가한 사람들의 연령과 성별은 다양했다. 유일한 공통점은 티셔츠든 바지든, 아니면 모자든 죄다 분홍색이라는 것뿐이었다. 이들은 유방암에 대한 인식 개선과 유방암 연구기금 마련을 위해 열린 '유방암 인식 증진을 위한 행진Race for the Cure'의 참가자들이었고, 이들의 복장은 유방암 계몽의 상징인 분홍 리본을 본뜬 것이었다.

유방암을 '여성' 질병으로 규정하고 이에 대한 상징으로 '여성적인 색'으로 여겨지는 분홍색을 사용하는 것은 현대에도 여성의 건강과 질환이라는 과학적·의학적 문제와 여성에 대한 문화적 관념들이 뒤섞여 있음을 보여 준다. 그리고 사실 여러 현대과학 연구들은 종종 이런저런 젠더 정치와 맞물려 굴절을 겪기도 한다.

유방암 인식 증진을 위한 행진(Race for the Cure). 2013년 포틀랜드.

일례로, 유방암 활동가들은 중년 남성을 '보편적 인간'으로 상정한 현대 의학 및 과학 연구에서 여성 질환인 유방암이 경시되어 왔다는 비판을 통해 이 질환에 대한 연구비 투자를 이끌어 냈다. 일부 활동가들은 한발 더 나아가, 유방조영술 같은 검사가 일반화되었음에도 불구하고 유방암 유병률이 지속적으로 증가하는 이유를 환경오염에서 찾고 유방암 발병과 관련한 환경적 위해에 주목하기를 요구했다.

'용의자 X론'은 이러한 상황에 대해 두 가지의 극단적인 시각을 견지한다. 하나는 지금까지 유방암에 대한 연구가 여성을 경시하는 젠더 편향 때문에 제대로 이루어지지 않았다는 것이고, 다른 하나는 유방암 연구가 제대로 이루어져 왔음에도 불구하고 자꾸만 문제를 제기하는 여성 활동가들은 과학에 대한 이해가 부족할 뿐 아니라 그릇된 성차별주의 관념에 사로잡힌 히스테릭한 여성들이라는 것이다. 이런 관점은 지난 30여 년간 이뤄진 유방암 관련 과학 연구의 복잡한 결들을 한순간에 지워 버린다.

하지만 언던 사이언스의 관점은 전혀 다른 역사적 전개를 드러낸다. '나쁜 과학자 집단 vs 정의로운 여성운동가들' 혹은 '진실한 과학자 집단 vs

히스테릭한 여성들'이라는 이분법적 구도 대신, 이 관점은 어떻게 여성건강운동이 종래 과학 연구에서 배제되던 과학지식들을 생산해 내는 일에 기여하는지 보여 준다. 동시에 이들의 활동 속에서도 여전히 다뤄지지 않고 있는 문제들은 무엇인지 탐구할 수 있게 한다.

이 장에서는 유방암 진단과 관련한 과학 연구에 미국의 여성건강운동이 끼친 영향을 추적하면서 현대과학에서의 젠더 정치를 살핀다. 이를 통해 우리는 젠더라는 사회문화적 관념이 '정상적이고 일반적인' 현대과학 연구에서도 강력하게 작동한다는 사실을 발견할 것이다. 또한 시민사회운동과의 연관 속에서 어떠한 종류의 과학이 수행되고 어떠한 종류의 것이 수행되지 않은 채 남겨지는지 확인하게 될 것이다.

유방암의 역사

유방암은 세계에서 가장 많이 발병하는 암 가운데 하나이며 여성 사망률의 주요 원인으로 꼽힌다. 1980년대 이래 각국 정부와 국제기구 그리고 자선재단 등이 유방암 진단과 치료를 위한 연구에 많은 시간과 예산을 투자해 왔지만 완전한 예방, 진단, 혹은 치료 전략은 전무한 실정이다.

1880년대에 윌리엄 할스테드William Halsted에 의해 유방절제술이 개발된 이래, 수술 이후에도 남아 있는 암세포를 제거하기 위한 항호르몬 요법이나 항화학 요법, 표적 치료 같은 약물요법과 방사선 치료 등 다양한 기술들이 발전했으나 모두 이런저런 부작용들을 갖고 있는 불완전한 것들이다. 방사선을 사용해 종양을 탐지하는 유방조영술 같은 진단 검사들도 신뢰도를 비롯한 여러 문제에 직면해 있다. 안젤리나 졸리가 받아서 유명해진 BRCA1와 BRCA2 유전자 검사 역시 마찬가지다.

이런 사정들로 인해 유방암은 자연스레 여성건강운동가들의 주된 의제

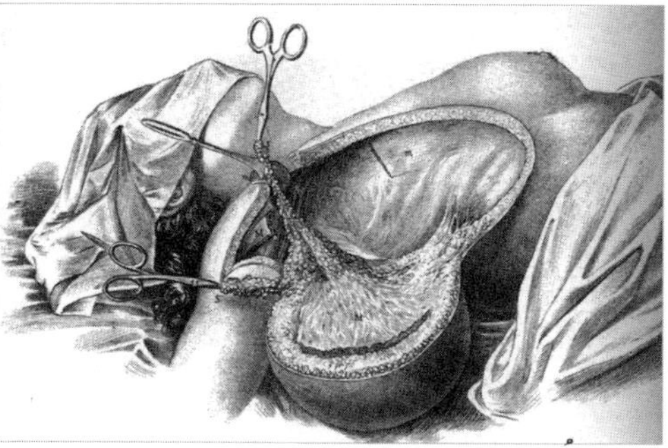
윌리엄 스튜어트 할스테드(좌)와 유방절제술 도해(우)

가 되었다. 1980년대 초부터 페미니스트들은 유방절제술의 효용성이나 유방조영술 검사 도중 방사선 노출의 위험 등에 대해 끊임없이 문제를 제기해 왔다. 과학사학자 엘렌 스위니Ellen Sweeny는 유방암이 모든 사회에서 '여성 질병'으로 인식되어 왔으며, 그렇기에 페미니스트들의 주요 개입 대상이 되었다고 말한다.

1970년대 말 페미니스트들은 기존의 유방절제술이나 유방암 진단 절차가 가부장적이라고 비판했다. 여성들 스스로 유방암 진단 및 치료에 관한 의사결정 과정에 참여할 권리가 부정되고, 의사 또는 남편들의 결정에 수동적으로 따를 것을 강요당한다는 이유에서다. 아울러, 여성의 유방이 성적 대상으로 간주되면서 유방암이 수치심을 불러일으키는 사적이고 은밀한 질병으로 여겨지고, 그로 인해 여성들이 제대로 된 진단 및 치료를 받기 어려워 고통을 겪는다고 주장했다. 미국 포드 대통령의 영부인 베티 포드Betty Ford 같은 유명인사들 또한 의사들에게 유방이라는 여성적 부위를 보이는 수치심을 두려워하지 말자고 주장하며, 자신이 유방암 진단을 받고 유방절제술을 받은 사실을 공개했다.

유방이 여성의 중요 부위로, 그리고 유방암이 여성의 질병으로 틀 지워지는 상황에서 유방암과 관련된 과학 연구는 젠더 정치라는 사회적 운동과 긴밀히 얽힐 수밖에 없었다. 그러나 유방암이란 질병이 그 병을 앓고 있는 소수의 사람들만이 아니라 여성 모두와 관련된 보편적 문제가 되기 위해서는, 유방암과 관련된 과학기술적 이해와 사회적 인식의 변화가 선행되어야 했다. 그 변화 과정을 살펴보기 위해 우선 유방암 집단검진 체제가 등장했던 1970년대로 돌아가 보자.

조기탐지와 집단검진 : '유방암 위험 여성'의 탄생

유방조영술은 1913년 방사선학자 로버트 에건Robert Egan에 의해 발명되었지만, 증상이 보이지 않는 여성들에게까지 사용되는 집단검진의 수단으로 떠오른 건 한참 뒤인 1970년대부터였다. 이는 제2차 세계대전 직후 미국의 암 연구 지형에서 일어난 변화와 밀접한 관련이 있다.

1913년 설립된 미국암통제협회(ASCC)가 1944~1945년에 미국암협회(ACS)로 재편되면서 연간 예산이 2년 사이에 10만 달러에서 4백만 달러로 급증했다. 협회의 방향과 목적도 과거 적은 예산으로 수행하던 암 예방 운동에서 풍부한 예산을 바탕으로 한 적극적인 암 치료로 바뀌었다. 국립암연구소(NCI) 역시 암을 조기진단하여 치료하는 일을 최우선 과제로 삼았다.

예방에서 조기탐지 및 치료로 방향이 전환되면서 이 조직의 투자의 초점 또한 암 예방 홍보 캠페인에서 암을 탐지할 수 있는 진단 검사들의 개발로 옮겨졌다. 동시에 유방조영술 기술의 발전도 본격화되었는데, 과학사학자 바론 레너Baron Lener의 연구는 유방암 집단검진과 관련된 기술적·사회적 변화를 잘 보여 준다.

유방조영술은 엑스레이로 유방 내부의 연부조직을 촬영하는 것이다. 질환이 의심되는 환자의 병변을 확인하기 위한 진단diagnosis 도구로 유방조영술이 본격 활용된 것은 조영 기술이 발전하고 병원 내에 방사선과가 설치되기 시작한 1950년대부터였다. 그러나 아무런 증상도 보이지 않는 여성 집단을 검진screening하는 도구로 사용되기 위해서는 조영 기술의 향상과 전리방사선의 안전성에 대한 과학적 검증이 요구되었으며, 이는 1960~1970년대 사이에 본격적으로 이루어졌다.

1960년대 들어 유방조영술에 고해상도 산업용 필름이 채택되면서 검사비용이 하락했다. 이와 함께 발명자 에건이 2천여 명의 여성 환자 검진을 통해 겉으로는 전혀 증상을 보이지 않던 53명의 여성들에게서 종양을 발견했다.

이후 검진 기술로서 유방조영술의 유효성을 평가하는 여러 연구들이 실시되었다. 여기에는 국립암연구소의 지원 아래 약 6만 명의 여성을 대상으로 1963~1966년에 진행된 '뉴욕건강보험계획the Health Insurance Plan of Greater New York'과 미국암협회 및 국립암연구소의 후원으로 1973~1975년에 28만 명의 여성을 대상으로 수행된 '유방암 탐지 실증프로젝트the Breast Cancer Detection Demonstration Project' 등이 포함된다. 후자의 경우 닉슨 대통령이 내세운 '암과의 전쟁'이라는 슬로건에 부합하는 사례로 꼽혀 연방정부에 의해 대대적으로 홍보되기도 했다.

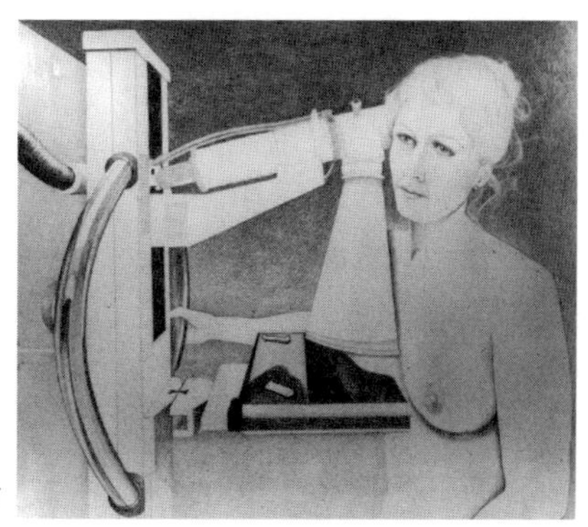

유방조영술

이와 함께 포드 여사 같은 유명 여성들이 자신의 유방암 검진과 성공적 치료 사례를 대중적으로 공개하고 검진을 독려하면서 유방조영술 검진을 받는 여성들의 수가 급증하기 시작했다. 1980년 국립암연구소는 위의 연구 결과들을 바탕으로 암 검진 가이드라인을 제시했는데 20세 이상 여성은 3년마다 유방암 검진을, 40세 이상 여성은 매년 유방 자가검진을, 50세 이상 여성은 매년 유방조영술 검사를 받으라고 권고했다.

1980년대 이후 의사들과 건강한 여성들을 대상으로 유방암 조기탐지를 권고하는 미국암협회의 '유방암 탐지 인식 개선the Breast Cancer Detection Awareness' 프로젝트, 영국 의료기기/제약 회사인 임페리얼 케미컬 인더스트리스가 자신들의 유방암 치료제를 판매하려는 목적으로 주최한 '국가 유방암 인식의 달National Breast Cancer Awareness Month' 사업 등 유방조영술을 포함한 유방암 조기검진 증진 캠페인이 활발하게 전개되었다. 그 결과 1985년경에는 미국 내 97%의 의사들이 전혀 증상을 보이지 않는 여성들에게도 유방암 검진을 실시했으며, 1981년에 134대에 불과하던 유방조영술 기기는 1990년대에 이르러 약 9천여 대로 증가하게 되었다.

이런 추세는 1988~1989년 사이에 미국의 주 정부들이 유방조영술을 의료보험 적용 대상에 포함시키면서 더욱 가속화되었다. 1980년대 말에 19개 주가 의료보험 회사들에게 유방조영술을 보험 적용 대상으로 포함시키는 명령을 담은 법안을 채택했고, 1991년 말에는 총 38개 주가 유사한 법안을 통과시켰다.

과학기술학자 마렌 클라위터Maren Klawiter는 이 시기의 유방암 검진 확산 및 일반화가 모든 여성들을 언제라도 유방암 발병 가능성이 있는 잠재적 환자로 바라보게 되는 인식의 전환을 가져왔다고 말한다. 여성 전체가 유방암 위험군이라는 인식이 확산되면서, 1990년대 초부터 유방암과 관련한 거센 여성운동이 등장하기 시작했다.

유방암, 숨겨진 질병 : 여성건강운동의 급부상

과학기술학자 바바라 레이Barbara Ley에 따르면 여성건강운동가들은 이미 1980년대 무렵부터 유방암에 주목하고 있었다. 그러나 유방암 건강운동은 유방조영술에 기초한 집단검진의 보편화와 유방암에 관한 새로운 인식 —모든 여성이 유방암 위험군이라는 인식— 의 확산 이후에야 본격적으로 전개되었다.

1990년대 초 유방암 건강운동가들은 꾸준히 집단검진을 실시하고 확대해 왔음에도 유방암 유병률과 사망률이 오히려 증가하는 상황에 주목하고, 연구 예산의 편중을 원인으로 지목했다. 연방정부가 연구 예산을 남성 건강에 편중하여 투여하면서 여성 건강을 등한시하고 있다는 것이다. 당시 HIV/ADIS 활동가들이 적극적인 운동을 통해 에이즈 연구 자금을 확보하는 모습을 보면서, 여성건강운동가들은 유방암도 사회적 운동을 통해 예산 지원을 이끌어 낼 수 있으리라 확신했다. 그들은 연방정부와 주정부, 그리고 생명의료 연구소들이 유방암 기본 연구와 치료 및 조기탐지에 더 많은 예산을 투여해야 한다고 주장했다.

예를 들어 샌프란시스코에서 1990년 설립된 〈유방암활동Breast Cancer Action〉이란 시민단체는 1993년 캘리포니아 주에서 유방암 집단검진과 연구에 관한 예산을 늘리고 유방암 건강운동가들이 연구 예산 의결권을 가질 수 있게 하는 「유방암 법Breast Cancer Act」이 통과되는 데 기여했다. 1991년 유방암 생존자와 의사들, 자선단체 등 여러 집단들이 함께 조직한 〈전국유방암연합National Breast Cancer Coalition〉은 미국 국방부가 2억1천만 달러를 유방암 연구에 투자하도록 만들었을 뿐만 아니라 1993년 빌 클린턴 대통령이 '국가유방암액션플랜National Action Plan on Breast Cancer'을 수립하도록 이끌었다. 나아가 연방법 수준에서 2000년대 초까지 「유방암 및 자궁경부암 사망예방법the Breast and Cervical Cancer Mortality Prevention Act」, 「유방암환자

보호법the Breast Cancer Patient Protection Act」 등이 통과되는 데 기여했다.

활동가들은 계속해서 유방암 인식 증진 캠페인과 유방암 생존자들을 기리는 활동을 벌였을 뿐 아니라, 유방암 발병과 관련된 환경적 위해에 주목하기를 제안하는 등 운동의 방향을 다각화했다. 이 과정에서 여성건강운동은 종래 과학 연구에서 수행되지 않은 영역들을 탐구할 중요한 계기와 기회들을 마련하게 된다.

여성건강운동이 수행한 과학과 남겨 둔 영역들

과학기술학자 클라워터는 미국 캘리포니아에서 이뤄진 유방암 관련 여성건강운동의 여러 유형들을 분류했는데 여기서는 그중 두 가지, 조기검진 증진 집단과 환경주의 여성건강운동 집단을 검토한다. 이 두 집단은 각기 유방암과 관련해 수행되지 않은 과학들이 수행되도록 이끌었지만, 동시에 다른 문제들을 배제하기도 했다.

1. 조기검진과 인식 증진을 목적으로 한 여성건강운동

유방암 여성건강운동을 탐구한 과학기술학자들이 모두 동의하는 바는 유방암 인식 증진을 목적으로 한 초창기 여성건강운동이 기업들의 마케팅과 긴밀히 연결되어 있었다는 것이다. 1980년대 중반, 공익연계 마케팅cause-related marketing이 기업의 브랜드 가치를 높이는 데 유용한 마케팅 전략으로 부상하면서 제너럴모터스(GM)를 비롯한 여러 기업들이 유방암 캠페인을 후원하기 시작했다.

이러한 특징 때문에 환경주의 여성건강운동가들은 이들이 진정한 활동가들이 아니며, 기업의 이익 전략에 놀아날 뿐만 아니라 여성성을 상품화하는 데 협력하고 있다고 비난했다. 그러나 클라위터는 이들 역시 여성건강운동의 유형 가운데 하나로 포함시키길 제안하는데, 기업 마케팅 부서들의 동기가 어떠하든 간에 이들과의 연계 속에서 유방암 인식 증진 및 연구를 위한 재정적 후원 조직이 만들어지고 대중 인식 개선 및 연구비 모금 운동이 확대되었기 때문이다.

이 종류의 여성건강운동 가운데 대표격이 바로 앞에서 언급했던 '유방암 인식 증진을 위한 행진'을 개최한 〈수잔 G. 코멘 유방암 재단Susan G. Komen Breast Cancer Foundation〉(이하 코멘 재단)의 활동이다. 이 재단은 1982년 유방암 생존자인 낸시 브링커Nancy Brinker에 의해 설립되었다. 그녀는 부유한 사업가이자 공화당의 실력자였던 남편의 도움으로 공화당 유력자들의 지지를 얻어 유방암을 공적 문제로 부상시켰으며, 보다 많은 여성들이 유방조영술 검사를 받도록 하는 일에 총력을 기울였다. 1983년 텍사스 달라스에서 처음 시작된 '유방암 인식 증진을 위한 행진' 또한 그런 노력 가운데 하나였다. 이와 더불어 유방암 생존자를 죽음과 기형에 시달리는 희생자로 보는 관점에서 여성적 승리와 힘, 아름다움을 성취한 사람으로 보도록 바꾸는 일에 힘을 쏟았다.

코멘 재단을 주축으로 전개된 여성건강운동은 젠더와 성에 대한 보수적이고 전통적인 규범들을 그대로 유지했으며, 의료 및 과학 연구 제도들에 대해 무비판적인 입장을 견지했다. 유방암 관련 연구 기금 마련에 힘쓰긴 했지만, 이 유형의 운동가들은 그렇게 마련된 재원들을 연구소에 전달했을 뿐 과학자들의 전문성이나 연구 방향 등에 대해서는 전혀 문제를 제기하지 않았다.

이 그룹의 주된 활동은 사회에서 소외된 저소득층 여성들과 유색인종 여성들, 즉 '의료서비스를 충분히 받지 못하는medically underserved' 여성들에게 유방조영술을 무료로 제공하거나 그들에 대한 의학 연구를 요청하는 것이었다. 이들에게 유방암이라는 질병 퇴치를 위한 해답은 두 가지였

〈코멘 재단〉(좌)은 조기검진 증진 운동을 이끌었고, 〈유방암활동Breast Cancer Action〉(우)은 유방암 발병의 환경적 원인을 탐구하도록 촉구했다.

다. 하나는 유방암에 대한 과학 연구를 증진시키는 것이었고, 다른 하나는 더 많은 여성들에게 유방암 조기탐지를 독려하는 것이었다. 코멘 재단의 활동은 1990년대 초 캘리포니아에서 보험 혜택을 받지 못하는 여성들에게 유방조영술을 무료로 제공하는 사업을 실시하게 만드는 성과를 이끌어 냈다.

이들은 현대의학에서 여성 건강이 주변화되는 상황을 문제 삼고 유방암 연구를 위한 예산 투자를 이끌어 냈을 뿐만 아니라, 연방정부와 미국암협회 등이 유방암을 백인 중산층 여성들만의 질환으로 인식하던 태도를 교정하는 계기를 마련했다. 정리하자면, 조기검진 증진과 유방암 인식 개선에 초점을 맞춘 여성운동은 유방암에 대한 과학 연구 예산을 확대하고 주변부 여성들에게도 유방암 검사 혜택이 돌아가도록 했으며, 나아가 유색인종의 유방암 특징에 대해서도 연구자들이 관심을 갖도록 만들었다.

그러나 이들이 묻지 않고 남겨둔 영역 또한 존재했는데, 그것은 유방암 발병의 환경적·사회적 원인이었다. 과학기술학자 스테판 자베스토스키 Stephen Zavestoski와 동료들에 따르면 이 유형의 여성건강운동 집단은 유방암 문제의 해법으로 개인적 수준의 접근에 초점을 맞추었다. 이들은 개별 여성들에게 유방조영술을 정기적으로 받고 라이프스타일과 식이습관을 바꾸라고 권고했다. 이들의 주장 속에서 유방암 예방 및 치료는 자연스레 여성 개개인이 해결해야 할 문제로 규정되었다.

한편 이들과 구분되는 또 하나의 집단, 즉 환경주의 여성건강운동 집단은 기존 유방암 연구의 전문성에 대해 의문을 제기하면서 그간 드러나지 않았던 다른 문제들에 주목해야 한다고 주장했다. 그건 여성 개인의 차원에선 결코 해결할 수 없는 문제들이었다.

2. 환경적 위해에 주목한 여성건강운동

환경주의 집단 역시 1990년대 초반부터 등장했는데, 이들은 유방암에 대한 대중적 인식이 부족하다는 비판에서 한발 더 나아가 유방암에 대한 접근 방법 자체에 의문을 던졌다는 점에서 앞의 집단과 차이를 보인다. 이들은 유방암을 여성 개인이 스스로 관리하고 해결해야 할 문제로 여기는 것에 동의하지 않았고, 독성 화학물질들이 유방암 발병의 원인이 될 수 있으며 이러한 물질들이 버젓이 배출될 수 있도록 허용하는 사회정치적 구조를 바꾸어야 한다고 주장했다. 과학기술학자 바바라 레이와 필 브라운의 분석을 통해서 이 운동에 대해 살펴보도록 하자.

암 예방 및 관리와 관련해 현대의학은 필 브라운이 '라이프스타일 개선 접근법lifestyle approach'이라고 부르는 태도를 취한다. 이는 산업 생산이나 정부 규제에 대한 근본적 변화를 추구하기보다는 개인의 행동을 변화시킴으로써 질병을 예방하려는 태도로서 음주, 흡연, 다이어트 등을 개인이 알아서 관리하기를 요구한다. 유방암 연구 역시 식이습관, 알코올 복용 정도, 첫 출산 연령과 같은 개별 여성의 라이프스타일과 BRCA 유전자* 의 변이 같은 유전학에만 초점을 맞추는 경향이 있다. 환경적 요소에 대

* 유전적 유방암의 원인유전자 중 하나. BRCA1, BRCA2 유전자의 돌연변이가 나타나면 유방암, 난소암 발병 확률이 매우 높아진다고 알려져 있다. 안젤리나 졸리가 유전자 검사를 통해 BRCA1 유전자 변이로 인한 유방암 발병 위험이 높다는 진단을 받고 절제수술을 하면서 널리 알려졌다.

한 연구에는 연방 연구비가 좀처럼 투여되지 않는다.

환경주의 유방암 운동 집단들은 미국암협회가 유방암 발병과 관련해 개인의 유전적·행동적 원인에만 초점을 맞추고 독성 화학물질 같은 환경적 요소들을 무시하는 점을 문제 삼았다. 미국암협회는 "살충제 등으로 인한 환경오염과 유방암 발병 사이의 분명한 연관성이 확인되지 않는다"고 보았다. 유방암과 관련하여 협회가 고려하는 환경적 위해는 원전 사고나 의료사고 없이는 일상에서 겪기 힘든 방사능 피폭 정도였다.

환경주의 활동가들은 미국암협회가 독성 화학물질이 건강에 미치는 영향이 미미하며 그에 대한 과학적 증거가 부족하다는 입장을 고수하는 것은 그들의 정치경제적 이해관계 때문이라고 주장했다. 이들은 협회 위원회의 평의원 가운데 다수가 화학, 제약, 생명공학, 금융산업계의 임원들이며 협회의 연구 프로젝트 가운데 일부는 기업으로부터 후원받는 것임을 지적했다.

산업계에 대한 이러한 비판을 넘어, 활동가들은 과학 연구에 직접적인 방식으로 개입하여 수행되지 않은 과학 연구들을 이끌어 냈다. 1991년에 결성된 〈메사추세츠 유방암 연합The Massachusetts Breast Cancer Coalition〉의 활동이 이를 잘 보여 준다. 이 단체는 1994년에 〈침묵의 봄 연구소Silent Spring Institute〉*를 설립하여 유방암의 환경적 요인에 대한 대중적 교육과 연구를 실시했다.

연구소는 주 정부로부터 360만 달러를 지원받아 케이프 코드의 15개 마을 가운데 9개 구역에서만 꾸준히 유방암 유병률이 증가하는 이유를

* 『침묵의 봄Silent Spring』은 미국의 생물학자 레이첼 카슨(1907~1964)이 1962년에 쓴 책의 제목이다. DDT의 부작용을 중심으로 과학기술이 초래한 환경오염의 파괴적 실태를 고발한 이 책은 전 세계에 거대한 충격파를 던졌으며, 환경에 대한 인류의 인식을 근본적으로 바꿔 놓았다. 미국 시사지 〈타임〉에 의해 '20세기 중요인물 100인'에 꼽히기도 했던 레이첼 카슨이 56세로 생을 마감해야 했던 이유는 — 〈침묵의 봄 연구소〉가 암시하듯 — 유방암이었다.

추적했다. 그 과정에서 지리정보체계(GIS) 기술을 통해 환경적 요소와 유방암 사이의 상관관계를 드러낼 수 있는 지도를 만들어 냈고, 환경 에스트로겐을 연구하는 새로운 현장연구 방법론을 확립했다. 이들은 지역 여성 2천여 명의 인터뷰를 포함한 연구를 통해 각 가정의 실내에서 내분비 장애를 일으키는 화학물질들과 독성물질들의 양을 측정했고, GIS 데이터를 이용해 여성들의 환경오염 노출 정도를 평가했다.

이 연구를 통해 〈침묵의 봄 연구소〉는 어떻게 직장과 가정에서의 화학물질 노출이 —식품 오염, 세제, 대기오염 등에 의한— 유방암 위험을 증가시키는지 드러냈다. 그 과정에서 생체감시와 가정 내 환경오염 물질 노출 데이터에 대한 새로운 형식의 보고 방법을 수립하여 역학 데이터를 수집하는 또 다른 방법을 발전시켰고, 유방암과 환경적 위해 사이의 상관관계를 밝혀내는 데 기여했다.

보다 근본적으로, 환경주의 유방암 운동 집단은 인간 및 동식물과 맞닿는 산업적 혹은 농업적 화학물질들이 유기체의 정상적인 발전을 왜곡하고 잘못된 방향으로 이끄는 호르몬 기능 장애를 야기할 수 있다는 '내분비 장애 가설the endocrine-disrupter hypothesis'로 무장하고, 이 가설에 기초한 내

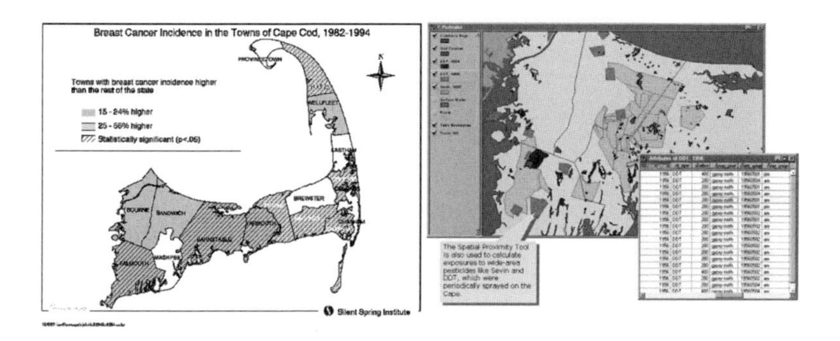

〈침묵의 봄 연구소〉가 조사한 케이프 코드 지역 유방암 유병률(좌)과 GIS를 이용한 화학물질 노출 시각화 자료(우)

분비계 교란 화학물질(이른바 환경호르몬) 연구를 수행하도록 이끌었다. 대표적인 사례가 바로 〈침묵의 봄 연구소〉의 '신체 부담 프로젝트body burden project'이다. 이 과정에서 과학자들은 과학적 평가를 위한 환경 샘플링 도구들을 발전시키고 전통적인 역학 연구 패러다임의 문제점들을 인식하게 되었다.

과거 약간이나마 존재하던 유방암의 환경적 요인 연구들은 대부분 DDT와 기타 유기염소계 살충제들에 집중된 것이었다. 하지만 환경주의 활동가들은 여성들의 혈액이나 조직에서 더 쉽게 발견 가능하다는 것 외에는 유독 이 종류의 살충제에 대해서만 연구의 초점이 맞춰질 이유가 없음을 지적하고 왜 여기에만 예산을 투여하는지, 다른 화학물질들에 대한 연구들은 왜 하지 않는지 문제를 제기하여 유방암 연구의 지평을 확대했다.

그러나 이들은 환경오염 문제에 초점을 맞추면서 유방암 환자들을 어떻게 관리할지, 어떠한 종류의 치료 방법과 제도가 마련되어야 하는지는 상대적으로 등한시했다. 그 결과 유방암 생존자의 관리 문제가 이들의 과학적·사회정치적 어젠다agenda에서 소외되기 시작했다. 앞 집단과 마찬가지로 이들의 활동 또한 수행되지 않은 과학의 영역을 만들어 냈던 것이다.

	유방암 조기검진 증진 집단	환경주의 유방암 운동 집단
정체성	유방암 생존자	환경오염에 희생된 공동체
문제 제기	유방암 관련 사회적 인식이 부족하고, 저소득층을 비롯한 소외집단이 유방조영술 같은 과학기술에 접근하기 어려워 유방암 발병률이 높아진다고 주장	이윤을 추구하는 기업들이 암을 유발하는 환경적 위해를 숨기고 이에 대한 과학 연구를 가로막고 있다고 주장
과학에 대한 태도	배제된 집단으로 과학적 성취 확대 요구, 헌신적	비판적, 전략적 사용
수행된 과학	유방암 연구 예산 확대, 유색인종 관련 유방암 연구 확대, 소수인종 및 저소득층 주변부 여성들에게로 조기검진 확대	유방암 조기진단 및 치료에서 예방으로 과학 연구의 초점 전환, 화학산업이 배출하는 독성물질과 유방암 발병의 상관관계 등 환경적 요소와 관련된 과학 연구 진행
수행되지 않은 과학	유방암을 개별 여성들만의 문제로 한정하고 유방암 발병의 환경적·사회적 원인들에 대해 묻지 않음	환경오염 문제로 초점이 옮겨지면서 유방암 생존자의 관리 문제 등에 대한 연구가 상대적으로 소외됨

유방암 관련 여성건강운동 활동 요약

소결

젠더 정치와 언던 사이언스

과학기술학자 스티븐 앱스틴Steven Epstein은 미국 에이즈(AIDS) 운동단체의 활동을 검토하며, 활동가들이 신약 개발과 관련한 임상시험의 '무작위 이중 맹검법'*의 문제를 지적하고 통계적 방법에 관한 의견을 제시하는 등의 과학적 기여를 했음을 보여 주었다. 과학적 전문성을 갖지 않은 에이즈 활동가들이 과학자들의 변화와 전문지식의 발전을 추동해 낸 것이다. 이는 시민사회운동이 기존의 연구에서 전개되지 않던 방향으로 과학을 이끈 모범적 사례라 할 수 있다.

유방암 활동가들 역시 이와 유사한 양상을 보였다. 조기검진을 독려한 활동가들은 유방암 연구 예산을 이끌어냈고, 기존 의료서비스 체계에서 소외되던 집단에까지 검진 혜택을 확대하였으며, 나아가 유색인종 여성에 대한 유방암 연구를 촉진시켰다. 거기에서 더 급진화한 환경주의적 활동가들은 유방암 관리 및 치료를 여성 개인에게 맡기는 접근 방식을 비판하고, 유방암 발병 원인이 되는

* 검사 대상자들을 무작위로 선정한 다음 진짜 약물 또는 위약을 제공하되, 누가 무엇을 제공받았는지는 환자와 의사 모두 모르도록 하는 임상시험 방식.

환경적 위해들에 주목하며 이에 대한 연구를 촉구했다. 그 결과 이들은 유방암 과학에서 탐구되지 않던 환경적 요소들에 대한 연구와 이를 위한 방법론 개발 등에 직접적으로 기여했다.

결과적으로 두 집단은 유방암 연구 영역에서 수행되지 않은 과학이 수행되도록 만들었다. 그러나 동시에, 유방암 조기검진 증진 운동은 유방암의 환경적·사회적 원인에 대한 과학적 탐구 요청을 등한시했으며, 환경주의적 유방암 예방 운동은 유방암 생존자의 관리 문제를 어젠다에서 배제했다. 전문가 집단들의 전통적 관점에 사각지대가 존재하듯 시민사회운동의 관점 역시 놓치는 부분들이 있으며, 그로 인해 여전히 수행되지 않은 과학이 남게 되는 것이다. 유방암 과학의 사례는 하나의 언던 사이언스가 수행되더라도 그 과정에서 또 다른 언던 사이언스가 발생할 수 있다는 것을 우리에게 보여 준다.

이와 함께 우리는, 현대과학에서도 젠더 정치가 작동하며 이것이 과학 연구에서 종종 중요한 역할을 맡는다는 점을 확인했다. 과학기술학자 라이나 랩Ryna Rapp은 생식 혹은 재생산 기술의 발전 과정에서 배아와 태아의 지위, 난자 공여, 착상 전 진단 등의 문제들을 둘러싼 젠더 정치가 긴밀히 일어나는 상황을 가리켜 '재생산 정치politics of reproduction'라고 명명했다.

생식 문제 이외에 여성 건강과 관련된 과학기술의 문제를 둘러싸고도 젠더 정치가 발생하는데, 우리가 검토한 유방암이 대표적인 사례이다. 오용과 선용을 기계적으로 구별하는 '용의자 X론'의 시각과는 전혀 다른 의미에서, 젠더 정치와 유방암 연구의 역사는 분리 불가능한 것이었다.

3부

동아시아의 수행되지 않은 과학들

⊙

2부에서 우리는 과학을 인간 활동의 일부로 보는 언던 사이언스의 시각으로 몇 가지 사례들을 살펴보았다. 현대과학의 문제를 좋고 나쁨이나 옳고 그름의 문제로 단순하게 판단할 수 없다는 것, 우리를 둘러싼 현실 속에는 '용의자 X론'의 시각에서는 발견되지 않던 문제들이 상존할 뿐만 아니라 그것이 중요한 정치적 토의의 대상이라는 것을 확인했다.

그런데 2부에서 검토된 사례들은 구제역에 대한 간단한 언급을 제외하고는 대체로 영미권의 이야기들이다. 언던 사이언스의 시각이 과연 우리가 살고 있는 한국, 일본 그리고 대만 같은 동아시아 지역에서도 적절한 관점일까?

이 질문에 답하기 위해 3부에서는 동아시아 지역의 과학 논쟁들을 살펴볼 것이다. 이는 우리에게 익숙하면서도 지루한 풍경들, 즉 한쪽에선 정부나 기업에 고용된 '어용과학자'들이 과학적 사실을 왜곡하고 있다고 주장하고 다른 한쪽에선 비판적 시민단체들에게 이른바 '종북 좌파'라는 낙인을 찍어 버리는 식의 소모적 논쟁으로 흘러왔던 광우병, 저선량 방사선, 삼성백혈병 문제 등을 새롭게 탐구하는 과정이기도 하다.

용의자 X를 지목하고 시민단체와 정부 중 한쪽에 손쉽게 진리의 횃불을 쥐어 주는 대신, 우리는 한국 또는 일본 정부와 전문가들의 과학적 시선이 배제하고 있는 게 무엇인지, 국제과학기구의 지식 생산 활동이 지워 버리는 쟁점들은 무엇인지, 대만과 한국의 시민단체들이 친기업 과학자들과 법정에 맞서는 적절한 대응 전략으로 활용해야 할 '과학'은 무엇인지를 살펴보게 될 것이다.

⊙

8장

미국과 소고기, 그리고 국제과학기구

: 광우병과 락토파민 논쟁

새천년의 첫 10년 동안 과학기술 논쟁의 중심 무대는 유럽과 북미에서 동아시아로 이동했다. EU와 미국 사이에서 유전자변형식품(GMO)을 둘러싼 논쟁이 첨예하게 전개되었고 종교인들과 과학자들 사이의 줄기세포 연구 논란과 진화론/창조론 논쟁이 미국을 뒤흔들었지만, 과학기술의 변방처럼 여겨지던 동아시아에서 더 큰 논쟁거리들이 발생했다. 황우석 줄기세포 사건(2005)을 도화선으로 광우병(2008), 후쿠시마 원전 사고(2011) 이후 원전 및 전리방사선 위험, 산업 질병 등 온갖 문제들과 관련된 논쟁들이 한꺼번에 폭발했다.

미국산 소고기와 관련된 식품안전성 문제는 광화문의 밤을 오랫동안 수많은 촛불들로 밝혔던 중요한 사건이다. 이 시기는 황우석 사태 때만큼이나 온 국민이 '과학적 진실'을 밝히는 데 몰두하던 시기였다. '친미적인' 정부가 의도적으로 미국산 소고기의 광우병 위험에 관한 과학적 진실을 숨

기고 있다고 여긴 시민들은 거리로 나와 촛불을 들었고, 일부 '좌파'들이 과학적 진실을 왜곡하고 거짓된 내용으로 시민들을 선동하고 있다고 믿었던 몇몇 전문가들과 정부 당국은 '무지한' 대중들에게 과학적 진실을 '교육'시키는 데 총력을 기울였다.

그리고 몇 년. 이젠 누구도 광우병에 대한 과학적 진실을 캐지 않는다. 이 책의 편집자가 필자에게 들려준 바에 따르면 그는 당시 매일 밤 광화문에서 촛불을 들었고, 시민단체들의 주장이 일부 과장되었을 수는 있지만 과학적으로 위험하다는 것은 진실이라고 믿으며, 그렇기에 여전히 미국산 소고기를 먹는 것을 꺼린다. 최근에 그는 당시 함께 시위에 나섰던 몇몇 친구들과 식사를 했는데, 그들이 주머니 사정을 이유로 미국산 육우를 거리낌 없이 먹는 모습에 몹시 놀랐다고 한다. 그들 역시 그와 함께 미국산 소고기의 광우병 위험에 대한 '과학적 진실'을 밝히려 거리로 나갔음에도 말이다.

이 에피소드는 아주 흥미로운 시사점을 던진다. 당시 광우병 논쟁의 양측이 모두 올바른 과학적 진실을 찾자고 주장했지만, 핵심은 진실 찾기 그 자체에 있지 않았을 수도 있다는 것이다. 어쩌면 그들의 촛불은 '과학적으로 안전하다'는 정부 측의 주장이 뭔가를 배제하고 있다는 의구심에서 비롯된 게 아니었을까.

이 장에서는 미국산 소고기의 안전성을 둘러싸고 일어난 한국의 광우병 논쟁과 대만의 락토파민ractopamine 논쟁을 국제과학기구와 관련해 탐구한다. 광우병의 경우 국제수역사무국(OIE)이, 락토파민의 경우 국제식품무역기구(Codex)가 위험과 안전성에 관해 국제적인 과학적 표준을 제정한다. 이 두 국제과학기구들의 표준 제정 활동을 검토함으로써 우리는—광우병에 대한 과학적 진실 찾기에 앞서—'과학적 안전'이라는 개념이 대체 어떻게 만들어지는지, 그렇게 제정된 안전 기준이 배제하는 것은 무엇인지를 확인하게 될 것이다.

이를 위해서는 몇 가지 예비 작업이 필요하다. 규제과학Regulatory science과 규제문화에 대한 개념적 이해가 바로 그것이다.

규제과학과 규제문화

1990년 과학기술학자 쉴라 자사노프는 규제 영역에서 이뤄지는 과학 연구들을 일반적인 과학과는 독립된 하나의 '정상적인' 과학으로 보길 제안하며 규제과학regulatory science이라는 용어를 사용했다.

그녀의 설명에 따르면, 규제와 관련한 과학지식을 요청하는 정부 입안자와 그 요청을 받는 과학자는 '정책'과 '과학'이라는 상호 독립된 영역에 있는 게 아니라 규제에 관한 지식을 생산하는 '규제과학'이라는 혼종적hybrid 영역에 존재한다. 규제과학을 통해 도출되는 결과물은 정부·기업·대중을 포함한 여러 이해당사자들에게 사회적·경제적·정치적 영향을 미치기 때문에 이를 둘러싸고 끊임없는 논쟁이 벌어지며, 사실 입증 과정과 절차도 일반적인 과학공동체 내의 논쟁과는 사뭇 다른 양상으로 전개된다.

우리가 일반적으로 생각하는 과학인 학술과학과 대조할 경우, 규제과학은 다음과 같은 특성을 보인다.

학술과학은 대개 대학 실험실 같은 장소에서 실행되며 상대적으로 높은 수준의 합의와 상대적으로 명료한 방법론, 그리고 연구의 질에 대해 확립된 기준들을 포함하는 패러다임에 의거하기 때문에 상당히 안정화되어 과학공동체 외부로 논쟁이 드러나는 경우가 드물다. 반면 규제과학은 주로 정부 및 기업 산하 연구소에서 수행되며, 과학적 합의를 도출하기 어렵게 만드는 한정된 시간의 제약을 받는다. 또한 해당 문제와 관련된 이해집단들이 연구 결과를 각자 유리한 방향으로 해석하려는 압력을 가하면서, 과학적 사실에 관한 논쟁들이 종종 과학공동체 바깥으로 표출된다.

	규제과학 Regulatory Science	학술과학 Academic Science
연구 목적	■ 규제를 위해 필요한 정보를 생산하거나 정책 결정자에게 정보 제공 ■ 연구 주제는 의회나 규제 담당 기구에 의해 정해지며 사회경제적 함의를 갖기도 함 ■ 궁극적 목표는 경합하는 이해관계나 가치에 대한 논쟁을 통해 갈등을 해결하는 것	■ 자연세계에 대한 이해와 지식의 확대 ■ 전문적 판단에 기초하여 학술적으로 독창적이고 중요한 연구 생산
연구 제도	주로 정부나 기업 부설연구소	주로 대학 실험실
유인誘因	규제와 관련된 법적 요건 준수	전문성 인정과 승진
연구 시간	법률, 규제 과정, 정책 진행 상황에 따라 결정되며 대체로 짧음 (90일에서 길게는 2~4년)	연구 시간 제한 없음
연구 결과를 평가하는 제도들	의회, 법원, 미디어(여론)	전문가 동료 집단
연구 결과의 신뢰성을 평가하는 주요 절차들	감사와 현장 방문, 동료 평가, 사법적 검토, 입법기관의 감독	동료 평가
연구 결과의 신뢰성을 판정하는 기준들	■ 위증 부재 여부 검토 ■ 관청 가이드라인과 승인된 프로토콜protocol과의 조화 여부 검토 ■ 증거로서의 자격에 대한 사법적 검토	■ 위증 부재 여부 검토 ■ 동료 과학자들에 의해 수용된 연구방법론과의 조화 여부 검토
연구 결과에 끼치는 정치적 영향	■ 정치로부터 직접적 영향 받음 ■ 연구 고위직은 대통령이 임명 ■ 의회에 의해 예산 책정 ■ 법원에 의한 감독	연구자 자신의 정치적 입장이나 연구 지원기관에 의해 간접적으로 영향 받음

규제과학과 학술과학의 특징과 차이점

예를 들어 특정 독성물질 평가를 위한 규제과학 연구는 법률 제정 및 정책 진행 상황에 따라 상당히 짧은 시간 내에 규제에 필요한 정보를 생산해야 하며, 그렇게 생산된 지식은 과학공동체 내부의 평가뿐만 아니라 사법적 검토나 입법기관의 감독 등 외부 기관의 평가 절차들까지 거쳐야 비로소 적절성이 인정된다. 규제과학 연구 결과가 얼마나 신뢰할 만한 정보인지는 연구 방법론의 적절성 여부보다 규제 관청 가이드라인과의 부합 정도와 사법적 증거 효력 여부 등에 더욱 영향을 받는다. 이러한 평가 제도와 절차, 신뢰성 평가 기준 등으로 인해 규제과학은 더욱 빈번히 그 사회 바깥으로 쟁점이 노출되는 것이다.

과학기술학자 앨런 어윈Alan Irwin과 동료들은 자사노프의 연구를 바탕으로 규제과학의 특성을 다음과 같이 조금 더 명료하게 정의했다.

> 규제과학은 학계뿐 아니라 산업계와 정부 산하에 위치한 과학 활동으로서 다양한 분과적 배경과 전문성을 가진 연구자들의 협동을 통해 이뤄지며, **다양한 수준의 과학적 불확실성과 미결정성을 포함한다**.(강조는 인용자)
> 규제과학의 과학 활동은 기술적인 것뿐만 아니라 정책적인 것과도 연결된다. 그 과정에서 규제 완화나 강화를 위한 치열한 로비와 논쟁들이 벌어지는 점을 고려할 때, 규제과학의 연구 활동은 과학적 목적뿐 아니라 경제적·정치적 목적 하에서 이루어진다고 할 수 있다.

다양한 수준의 과학적 불확실성과 미결정성을 포함하고 정책적인 일에 연루되며 과학적 목적 외에 경제적이고 정치적인 목적까지 개입된다는 점에서, 규제의 대상이 동일하더라도 각 사회와 국가들마다 정치적·경제적·사회적 관심에 따라 규제 여부나 규제 방식이 달라질 수밖에 없다. 이러한 맥락에서 자사노프를 비롯한 많은 과학기술학자들은 국가별 비교를 통해 각 국가들이 얼마나 다른 규제문화를 지니고 있는지 탐구했다.

가령 미국과 영국을 비교했을 때, 미국의 규제문화는 수치화되고 정량화된 위험평가를 통해 규제 대상의 위험이나 안전성을 판단할 수 있다고 본다. 반면 영국의 규제문화는 사회 속 여러 행위자들 간의 협상을 통해 타당하다고 여겨지는 결론을 도출하고 나서야 비로소 판단이 가능하다는 특성을 보인다. 이러한 이유 때문에 미국에서는 '실질적 동등성substantial equivalent' 개념에 기초한 계량적 분석을 통해 유전자변형식품의 안전성 논란이 곧 가라앉은 반면 영국에서는 여전히 안전성이 충분히 확립되지 않은 것으로 여겨져 논란이 지속되었으며, 계량적인 위험평가 외에도 전문 자문가들 사이에서 이에 대한 협의 과정이 다시금 이루어졌다.

최근 과학기술학에서 규제과학과 규제문화를 탐구하는 연구의 초점은 '중립적인 입장에서 중재하는' 국제과학기구들로 옮겨지고 있다. 이 연구들은 중립성을 지향하는 국제과학기구조차도 국소적 맥락 속에서 형성된 특유의 규제문화를 갖고 작동하며, 그에 따라 특정한 연구들을 수행하지 않게 만든다는 사실을 보여 준다. 먼저 한국의 광우병 사례와 연관된 국제과학기구인 국제수역사무국(OIE)의 사례부터 살펴보자.

광우병과 국제수역사무국(OIE)

2008년 한미 수입소고기 위생조건개정 2차 협상에서 "특정위험물질(SRM : Specified Risk Material)에 속하는 뇌·머리뼈·눈·척수·등뼈를 제외한 모든 부위와 소장 끝부분(회장원위부)을 제외한 내장 전체의 수입을 연령 제한 없이 허용한다"는 합의안이 타결되면서 커다란 정치적 논쟁이 일었다.

타결안 반대 세력은 새로 들어선 이명박 정부가 정치적 목적을 위해 과학적 결론을 왜곡했다고 비판했다. 반면 정부 측은 반대 세력이 근거로 삼

2008년 광우병 촛불시위 현장(좌)과 집회 포스터(우)

은 2007년 농림수산식품부의 전문가회의 결론(한국인의 유전자가 인간광우병에 취약하다는 내용)이 유전자 변형 쥐의 데이터에 기초한 것이어서 국제기준으로 볼 때 과학적이지 않을 뿐더러, 자신들은 단지 OIE의 국제과학표준을 준수한 것이라고 응수했다.

과학기술학자 하대청은 당시 정부 측 타협안의 근거가 되었던 OIE의 규제문화를 탐구한다. 1924년 동물전염병 확산을 통제하기 위해 창설된 국제기구인 OIE는 현재 동물질병 예방과 통제를 위한 가이드라인 확립, 동물전염병과 관련한 과학적 표준 개발, 회원국의 질병 지위 결정 등을 담당하는 업무를 맡고 있다. 광우병(BSE)에 대한 표준은 OIE가 발간하는 여러 가이드라인 가운데 「육상동물보건규약Terrestrial Animal Health Code」에 포함되어 있는데, 하대청은 이 규약이 1998년부터 갑작스럽게 매년 새로 개정되기 시작했음을 지적하고 그 배경을 OIE가 세계무역기구(WTO)와 맺은 「위생 및 식물위생 조치의 적용에 관한 협정The Agreement on Sanitary and Phytosanitary Measures」, 즉 「SPS 협정」의 발효(1995)에서 찾는다.

「SPS 협정」은 당시 이뤄진 농업 부문의 무역자유화가 각국이 보호주의 목적으로 시행하는 위생검역 조치로 인해 무력화되어서는 안 된다는 생각에서 이뤄진 것이다. 이 협정에 의해 OIE는 동물보건 관련 위생검역 조치의 기초가 될 국제기준을 생산하는 국제적 표준 제정기구가 되었다. 그러니까, 1998년부터 잇달아 진행된 OIE의 규약 개정은 '과학적인 위험평가'를 수행하기 위해 WTO가 부여해 준 국제과학기구라는 위상에 부합하기 위한 노력이었던 것이다.

1998년 이후 매년 이루어진 개정 과정에서 OIE는 자신만의 규제 원칙들과 구체적인 방법 및 절차를 개발하고 조정해 나갔다. OIE가 표준 개발의 주된 프레임워크으로 공식화한 것은 WTO가 주창한 '위험분석법risk analysis'이었다. 여기에선 '위험성'을 크기와 확률 측정을 통해 계산할 수 있는 개념으로 규정했고, '위험평가'는 그 값을 도출하는 객관적인 활동으로 간주했다.

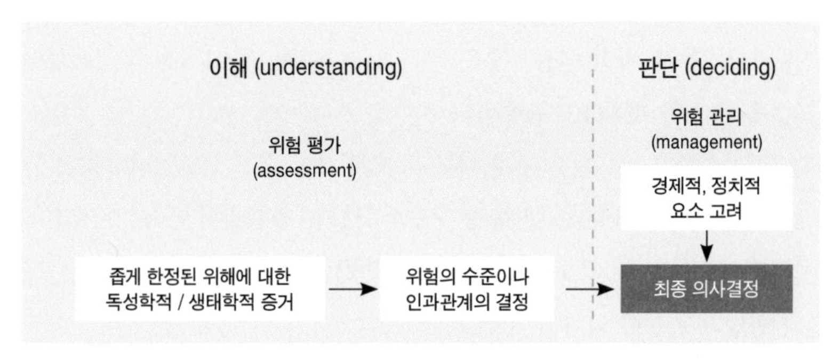

전통적인 위험분석 모델

그러나 이 같은 기술적 활동을 통해 제정된 표준을 국제 교역에 적용하려는 시도는 곧장 논쟁에 휩싸였다. 2005년 5월 총회에서 OIE가 위험평가 결과를 근거로 뼈 없는 골격근을 조건 없이 교역 가능한 '안전한 상품'의 범위에 포함시키려 했다가 일본, 한국, 대만, 인도, 싱가포르, 러시아 등 주요 소고기 수입국들의 저항에 부딪혔던 것이 대표적 사례다.

당시 수입국 대표들은 광우병 원인체가 발견된 실험 자료가 있다며 문제를 제기했다. 반면 미국, 뉴질랜드, 캐나다 등 주요 수출국 대표들은 해당 자료가 유전자 변형 쥐를 대상으로 한 일부 실험 결과에 불과하다고 반박했다. 이에 싱가포르 대표는 명백한 역학적 증거도 존재한다고 재반박하면서 유럽의 인간광우병(nvCJD) 희생자들이 오염된 골격근 고기를 먹고 사망했다는 사실을 언급했고, OIE 사무총장은 골격근 섭취와 nvCJD 발생 사이의 인과관계가 확정적이지 않은 부분이 얼마든지 있음을 지적했다.

이렇게 '과학적 증거'와 그에 대한 해석이 대립하는 가운데, OIE 총장은 정치적 타협안으로 뼈 없는 골격근 전체가 아니라 30개월 미만 소의 뼈 없는 골격근만 안전한 상품으로 '간주'하자는 안을 제시했다. 다시 이에 대한 논쟁이 벌어졌고, 30개월 미만 소의 뼈 없는 골격근을 안전한 상품에 포함시키는 규약 변경안의 채택 여부는 '민주적 투표'를 통해 이루어졌다.

결국 단순 다수결에 기초한 투표가 과학적 토론과 합의 절차를 대신해 30개월 미만의 뼈 없는 골격근을 '안전한 상품'이 되게 만들었다. 이렇게 OIE는 투표를 통한 절차적 정당성을 획득함으로써 안전성에 대한 논란을 잠재웠지만, 그 합의안의 과학적 정당성 여부는 여전히 의심의 대상이었다.

OIE는 2006년 3월 규약위원회에서 소를 광우병의 유일한 지표종indicator species으로 설정함으로써 과학적 정당성 문제를 해결하려 했다. 지표종은 특정 질병이 발생하는 환경적 조건을 지시해 주는 생물학적 종으로서 질병 조기 경보를 위해 가장 민감한sensitive 종을 선택하는 게 일반적이지만, OIE는 이보다는 광우병과 직접적으로imediate 관련성을 갖는 소를 선택했다. 다분히 정치적인 이 같은 지표종 선택은 광우병의 위험성을 '암시하거나 경고할 수 있는' 다른 동물 종의 실험 결과들을 배제함으로써 논쟁이 발생할 가능성을 미리 차단했으며, 이에 따라 개별 회원국이 광우병 관련 위험 지위를 획득하기 위해 수행해야 하는 예찰과 위험평가의 범위가 소 이외의 양·염소·사슴 등에서 발견되는 전염성 해면양 뇌증에서 소의 광우병만으로 축소되었다.

이러한 검토를 바탕으로 하대청은 OIE라는 국제과학기구가 가진 규제문화의 특수성에 담긴 함의를 다음과 같이 요약한다.

> OIE는 '위험분석법'에 기초한 위험평가의 과학성만을 강조하면서 위험의 사회문화적·종교적·환경적 특성들을 배제했다. 소고기 안전 조치를 구성하는 개별 국가들의 지역적 관리와 규제 현실을 전혀 고려하지 않았고, 광우병 위험성이 높은 뇌와 골수 등을 먹는 한국인의 식문화와 같은 문화적 요소들도 무시되었다. OIE의 규제문화는 동물질병이 상품 교역을 방해해서는 안 된다는 「SPS 협정」 프레임 하에서 설정된 위험분석에 기초해 있었기 때문에, 목표 예찰 점수를 충족시키지 못했거나 위험 증폭의 가능성이 있다고 평가받은 국가들의 잠재적인 위험 가능성에 별다른 관심을 두지 않았다.

OIE의 광우병 규제와 동일한 양상을 우리는 국제식품무역기구(Codex)의 락토파민 규제에서도 발견할 수 있다.

국제식품무역기구와 세계무역기구

과학기술학자 데이비드 위니코프David Winikoff와 더글라스 버쉐이Douglas Bushey는 식품안전성에 관한 국제표준을 관장하는 Codex 국제식품규격위원회의 규제문화를 탐구했다. 1963년 식량농업기구(FAO)와 세계보건기구(WHO)의 합동 식품규격작업의 일환으로 설립된 정부간 협의기구인 Codex는 로마에 본부를 두고 있으며, 식품안전 영역과 관련된 규격과 실행 규범, 지침 등을 만들고 보급하는 업무를 맡고 있다.

1990년대 중반 이전까지 자발적으로 식품안전 표준을 제공하는 작은 기구였던 Codex는 이후 국제표준 제정기구로 급격히 성장하게 되었는데, 이 역시 OIE의 경우와 같이 Codex가 WTO와 맺은 「SPS 협정」을 발효하게 되면서부터였다. 이 협정은 Codex를 식품안전 관리의 기초가 될 국제 기준을 생산하는 국제적인 표준 제정기구로 만들었다.

WTO와 「SPS 협정」 그리고 Codex의 관계는 매우 흥미로운데, WTO는 자신의 행정적·법률적 권위의 정당성 확보를 위해 Codex의 과학적 전문성을 동원했고, Codex는 국제 식품안전 표준을 제정하는 과학기구로서의 과학적·인식적 권위를 WTO와 「SPS 협정」이라는 법률적·행정적 권위에 의해 인준받았기 때문이다. 과학기술학자 쉴라 자사노프는 이처럼 '법률적 권위'라는 사회적 질서와 '과학적 전문성'이라는 자연적 질서가 함께 만들어지는 상황을 가리켜 '공동생산co-production'이라고 명명했다. 이러한 공동생산 관계 속에서, Codex는 국제과학기구라는 위상에 부합하는 '과학적인 위험평가'를 수행하기 위해 제도적 변화를 꾀하기 시작했다.

1993년 우루과이라운드(UR) 타결 이후 식품안전성 규제와 관련해 과학의 중요성이 부각되자, Codex 운영위원회는 표준 개발의 기초를 '건전한 과학sound science에 기초한 위험분석'에 두어야 한다고 결정했다. Codex는 자신만의 규제 원칙들과 구체적인 방법 및 절차를 개발하고 조정해 나가면서 표준 개발의 주된 프레임웍으로 WTO가 주창한 위험분석을 공식화했는데, 이 또한 OIE가 밟았던 수순과 동일한 것이었다.

Codex가 '위험'을 전 지구적 식품 규제의 단일한 지배적 문법으로 채택하게 되면서, 표준 제정 과정에서 OIE의 사례와 같이 특정한 형태의 편향이 발생할 가능성이 생겨났다. 그들이 채택한 위험분석은 '보편적인' 위험과 규제를 상정함으로써 개별 국가들의 지역적 관리와 규제 현실을 고려하지 못하게 만들고, 그에 따라 개발도상국 정부와 소비자를 배제하는 결과를 낳을 수 있었다.

대부분의 개발도상국에 국제과학기구가 요구하는 수준의 규제를 수행할 만한 검사 체계나 전문 인력이 부족하다는 점은 고려되지 않았고, 개별 국가들 사이의 문화적 또는 종교적 차이에 의해 발생할 수 있는 위험들은 간과되었다. 이에 더해, 위험분석이 주된 프레임워크인 상황에서 식품안전 규제에 관련된 환경적·경제적·기타 잠재적 요인들이 주변화되고 다른 규제 프레임워크이 배제될 수 있었다. 일례로 Codex의 경우 위험분석과 대비되는 규제 접근법인 사전주의 원칙에 입각한 문제 제기가 어려웠던 점을 들 수 있다.

비록 '기타 고려 요소Other legitimate factors' 항목 신설 등의 추가 작업을 통해 비가시화된 부분들을 포함하려는 노력이 이어져 왔지만, 그것이 위와 같은 문제들을 완전히 해결한 것은 아니었다. 이는 국제표준 제정기구로서 Codex가 가진 과학적 권위를 뒤흔들었던 2012년의 락토파민 논쟁에서 분명하게 드러났다.

육우의 성장촉진제인 락토파민은 미국, 캐나다, 일본 및 한국을 포함한 20여 국가에서는 가축 사료로 허용되나 EU와 중국, 대만 등 1백여 국가에서는 금지 품목이다. 2012년 초 Codex는 5년여의 진통 끝에 락토파민 최대 잔류수준(MRLs : maximum residue levels)에 대한 기준을 '69대 67'이라는 논쟁적인 투표로 통과시켰으며, 미국은 이러한 '국제표준'을 과학적 근거로 삼아 대만 정부에게 락토파민을 함유한 소고기 수입금지 조치를 해제하라는 압력을 가했다.

그에 따라 대만 정부가 자국 최대 잔류수준을 설정하고 미국산 소고기 수입을 개방하려 하자 이에 대한 광범위한 반대 시위가 대만 전역에서 일어났다. 세계 곳곳에서의 광우병 파동에 대한 직간접적 경험 속에서 대만 시민들은 이러한 조치를 광우병 소고기 수입의 연장선으로 이해했으며, Codex가 제시한 락토파민 최대 잔류수준이 미국의 주도에 의해 결정된 정치적 결과물이라고 비판했다.

2012년 대만에서 벌어진 미국산 소고기 수입 반대 시위. 참가자들은 Codex의 락토파민 최대 잔류수준에 대한 기준 설정이 미국 주도로 이루어진 편향된 정치적 결과물이라고 비판했다.

위험분석을 중심으로 삼은 Codex의 규제 프레임워크는 확률적으로 계산 가능한 객관성을 중시하는 미국의 규제문화와 공명했지만, 그와 다른 규제문화를 가진 유럽 국가들과는 빈번하게 충돌해 왔다. 락토파민 사례 역시 다르지 않았다. 유럽식품안전국(EFSA)은 Codex의 데이터가 불완전할 뿐만 아니라 아직 많은 불확실성이 남아 있다고 지적하며, Codex가 제시한 (두 표 차이로 안전하다고 결정된)락토파민 최대 잔류기준이 결코 국제적으로 합의된 표준이 아님을 분명히 했다.

소결

국제과학기구의 규제문화 혹은 보편적 기준 제정의 특수성

과학기술학자들은 '과학지식'이 실험실과 같은 특수하고 한정된 장소에서 만들어지는 국소성을 가진 지식이라고 주장해 왔다. 그리고 특정 지식이 또 다른 현장에서는 작동하지 않을 수도 있음을 다각도로 입증해 왔다.

이와 같은 연구들을 통해 과학기술학자들이 주장하는 바는 명확하다. 국소적으로 만들어진 지식을 지닌 전문가들은 실제 현장 속에서 일어나는 복잡한 문제들에 다 대처할 수 없으며, 어떠한 것들이 과학의 프레임 속에서 배제되었는지를 현장 지역 행위자들과의 적극적인 소통 속에서 파악해야 한다는 것이다.

이러한 통찰은 국제과학기구에 대해서도 동일하게 적용된다. OIE와 Codex의 사례에서 보듯, '중립적 입장'에서 과학을 통해 상이한 규제 체제들을 표준화시키려는 국제과학기구의 작업 또한 역사적 맥락 속에서 만들어진 특수한 규제문화를 바탕으로 이루어졌다. 전 지구적으로 통용되는 보편적인 과학적 기준을 만들려는 시도 자체도 국소적인 규제문화에 뿌리를 두고 있다는 뜻이다. 이는 그 표준과 흡사한 규제문화를 지닌 미국을 제외한 많은 국가들과의 마찰로 이어졌다. 한국의 광우병 파동이나 대만의 락토파민 논쟁 역시, 전혀 다른 형태의 규제문화를 갖고 있던 동아시아 국가들이 국제과학기구와 마찰을 일으킨 사례였던 것이다.

OIE와 Codex의 사례는 우리가 광우병 논쟁 같은 문제를 접했을 때 누가 옳고 누가 틀렸는지 판단하기 이전에 각 주장들의 전제가 되는 지식 생산 제도들의 성격부터 재고해야 할 필요가 있음을 시사한다. 한국과 대만의 미국산 소고기 수입 찬성론자들과 미국 정부는 OIE와 Codex라는 국제과학기구의 과학적 안전성 기준을 근거로 삼았는데, 그 기구들이 국제적으로 통용될 보편적 과학 기준을 제정하는 프레임에선 개발도상국들의 상황이나 문화적 차이에 대한 고려가 빠져 있었다. 그 결과 두 국제과학기구는 한국과 대만에서 제기되는 위험 문제들을 포괄하지 않고 배제했다.

이런 사정을 고려하면, 더욱이 한국 정부가 자국민들의 불안과 의구심을 외면한 채 일방적으로 미국산 소고기 수입을 결정했음을 감안하면, 그에 대한 시민적 저항이었던 촛불시위는 충분한 정당성을 갖는다. 하지만 그것이 촛불의 과학적 올바름까지 동시에 보장해 주는 건 아니다. 촛불시위의 사회정치적 정당성과는 별개로, 광우병의 '과학적 진실'은 우리에게 여전히 미완의 숙제로 남아 있다.

앞으로도 계속 벌어질 미국산 소고기의 안전성 논쟁과 관련하여 우리에게 우선적으로 요구되는 것은, 각 국가들의 위험등급이나 지위를 결정하는 OIE의 규제문화가 무엇을 수행되지 않은 과학으로 만드는지 면밀하게 살피는 일이다.

9장

RCA암과 삼성백혈병의 대중역학

: 대만과 한국의 산재과학 지식투쟁

최근 전자산업 노동자들의 건강 문제는 일반 대중매체에서도 매우 중요한 이슈로 부상하고 있다. 삼성반도체 기흥 공장에서 근무했던 고 황유미 씨가 2007년에 백혈병으로 사망한 사건을 다룬 영화 〈또 하나의 약속〉(2014)과 다큐멘터리 〈탐욕의 제국〉(2014)이 개봉한 이후, 이 작품들의 개봉을 둘러싸고 삼성 기업의 외압이 있었는지에 대한 갑론을박이 오가면서 언론과 SNS에 '삼성백혈병' 이야기가 꾸준히 오르내려 일반인들에게도 익숙한 사회문제가 된 것이다.

전자산업 노동자들의 산업재해 문제는 '용의자 X에게 이용당한 과학'의 전형적인 사례로 읽힐 수 있다. 이 장에서 우리가 살펴볼 대만의 RCA와 한국의 삼성반도체 모두 기업 친화적 편향성을 지닌 이른바 '청부과학자'들을 과학 자문과 위험평가를 목적으로 고용했다. 그리고 시민단체와 대항 전문가들의 활동을 통해 '청부과학'이 은폐하고 있던 작업장 환경 위험에 관한 '과학적 진실'들이 속속 발굴되었다.

2014년 5월 삼성전자 측은 사과 기자회견을 열었고, 8월에는 고등법원에서 삼성백혈병 노동자 본인 및 유가족에게 일부 승소 판결을 내렸다. 삼성전자 측이 조정위원회를 설립 중에 있고 아직도 많은 논쟁점들이 있지만 이 논쟁은 최소한 무엇이 옳고 그른지, 선이 무엇이고 악이 무엇인지, 과학적 진실과 정치적 왜곡이 어디에 있는지만큼은 분명하게 보여 준다. 용의자가 자신의 혐의를 일부나마 인정한 삼성백혈병 사례만큼 용의자 X를 분명하게 찾을 수 있는 사례가 어디 있겠는가?

그럼에도 우리는 이 문제를 언던 사이언스의 틀로 살펴볼 필요가 있는데, 왜냐하면 이 관점은 '용의자 X론'이 설명해 주지 못하는 문제들을 드러낼 뿐 아니라 그것에 대해 고민하고 성찰해 볼 기회를 제공하기 때문이다.

예를 들어 대만의 시민단체와 대항 전문가들은 대만 법원이 역학epidemiology에 기초한 과학적 증거만을 중요시하는 경향에 대해 비판한 반면, 한국의 시민단체들은 거꾸로 삼성과 삼성으로부터 용역을 받은 미국의 안전보건 컨설팅 회사 인바이런Environ에게 역학 연구의 기본을 올바로 지키라고 요구했다.

이런 차이를 어떻게 해석해야 할까? '용의자 X론'에 입각한 청부과학론은 피아를 구분하고 상대방 진영을 비판하는 데는 유용하지만 그 이상의 뭔가를 이해하는 데에는, 가령 산업재해와 관련된 과학 지식투쟁의 국가별 차이를 합리적으로 이해하는 데에는 별다른 도움이 되지 않는다.

만약 '용의자 X론'이 견지하는 대로 '순수하고 보편적인' 과학적 진실이 존재한다면, 반도체 노동자들의 작업장 환경과 위험에 대해서도 일관된 답을 말해 주는 과학이 있어야 한다. 그런데 왜 똑같은 문제를 다루면서도 대만의 운동가들이 문제 삼는 역학 패러다임을 한국의 운동가들은 옳다고 전제하는가? 과학에 대한 전통적인 가정—순수하고 추상적인 진리를 품고 있는 관념체로서의 과학—을 견지하고 있는 '용의자 X론'은 이에 대해 분명하게 설명하지 못한다.

이 장에서는 대만과 한국 전자산업 노동자들의 산업재해와 관련된 과학지식투쟁을 언던 사이언스의 관점에서 비교, 검토한다. 이를 위해 과학기술학자 필 브라운Phil Brown의 '대중역학popular epidemiology' 개념을 빌릴 것이다. 이를 통해 우리는 두 나라의 지식투쟁 과정에서 서로 다른 스타일의 대중역학 활동이 이뤄졌으며, 그것이 양국 활동가들의 증거 접근 가능성의 차이와 상이한 대항 전문성에서 비롯되었음을 확인하게 될 것이다.

정통 역학에 대한 대중역학의 도전

역학epidemiology은 현대사회에서 질병 인과관계를 증명하는 데 핵심적인 것으로 여겨지는 학문이다. 법정은 산업재해나 공해로 인한 피해를 입증하는 가장 확실한 증거로 역학적 증거를 요구한다. 그러므로 개괄적으로나마 역학이 무엇인지에 대해 살펴볼 필요가 있다.

역학은 특정 인구집단에서 질환이 얼마나 자주 발생하는지, 그리고 그 원인은 무엇인지를 탐구하는 분과이다. 역학적 정보는 질병을 예방하기 위한 전략을 수립하고 평가하는 데 이용될 뿐만 아니라, 이미 질병이 진행 중인 환자들의 관리를 위한 지침이 되기도 한다. 역학은 질병 발생에 영향을 끼치는 환경적 요인에 주목한다. 역학의 핵심은 위험 상태에 있는 인구집단과 관련해 질병 결과를 측정하는 것으로, 해당 집단은 임상병리학의 증례 보고에서 질환을 앓고 있는 개인들처럼 다뤄진다.

인구집단에 주목한 첫 역학 연구는 19세기 영국의 임상의학자 존 스노John Snow에 의해 수행되었다. 그의 연구는 런던의 콜레라 사망자 거주 집단에 대한 대규모 조사를 통해 콜레라 감염과 식수 사이의 상관관계를 드러낸 것으로, 그는 이를 기초로 해서 콜레라가 오염된 물에 의해 전파되었다는 사실을 확인했다.

이후 1950년대 영국의 역학자들이 흡연과 폐암의 관련성에 대한 인과관계를 드러내면서, 질병발생률을 인구집단의 특성별로 비교하는 역학적 접근법이 특정 질병과 환경요인 또는 특정 인자 간의 관련성을 규명하는 데 효과적임을 보였다. 오늘날의 역학자들은 역학을 '특정 인구집단에서의 건강·질병 상태와 변동의 분포 및 그 결정 요인들을 다루는 학문이자, 건강문제 관리를 위한 학문 지식의 응용'이라 정의한다.

현재 대부분의 국가들은 산업재해나 공해로 인한 피해의 인과관계를 증명하기 위한 과학적 증거로서 역학적 증거를 요구한다. 산재 피해를 호소하는 노동자를 포함한 일반 시민이 역학적 증거를 확보하는 일은 쉽지 않기에 노동자들이 정부기관에 산업재해 혹은 기업 공해로 인한 보상을 요청하고, 관련 정부기관들이 이들을 대신하여 해당 현장으로 가서 역학조사를 수행한다. 그러나 이러한 정부 주도 역학조사들은 단기간 내에 기업이 제공하는 제한된 데이터를 바탕으로 수행되기에, 위험 인과관계를 확인할 수 없다는 모호한 결론으로 이어지는 경우가 대부분이다.

이와 관련해 1980년대부터 보건학 영역에서 정통 역학을 문제 삼는 대안적인 흐름들이 등장했는데, 그러한 변화의 기수로 '대중역학'을 들 수 있다. 필 브라운에 따르면, 대중역학의 핵심은 기존의 역학 패러다임이 지적하지 못하는 부분들을 시민들의 참여를 통해 드러낸다는 것이다. 미국 메사추세츠 주 워번에서 백혈병을 앓고 있는 주민들이 조직한 〈FACE : For a Clean Environment〉라는 단체의 활동에 대한 연구에서 브라운은 이들이 지역의 독성 폐기물과 백혈병의 상관관계를 밝히는 데 중요한 역할을 했다고 평가했다.

주민들은 독성 폐기물이 백혈병을 유발한다며 지역 보건당국 및 질병통제센터에 공식 조사를 청원했지만 당국의 역학조사로부터 만족스러운 결과를 얻지 못했다. 이들은 하버드대학의 몇몇 공중보건 전문가들에게 간단한 지도를 받아 지역 내 건강 조사를 자체적으로 수행했고, 독성 폐기물과 백혈병 사이에 상관관계가 있음을 규명하는 데 결정적으로 기여했다.

여기에서 워번의 주민들은 과학자들이 해 오던 기존 역학조사의 조사원 역할을 담당하는 부차적인 업무를 수행한 것이 아니라, 사회구조적 요소에 초점을 맞추어 조사를 진행하는 등 역학과 위험평가에 대한 전통적인 가정들에 도전하는 연구를 진척시켰다. 이렇게 주민들과 전문가들이 협력하여 역학 연구를 수행한 것이 바로 대중역학이다.

필 브라운은 이 같은 대중역학이 전통적인 역학 패러다임에 도전하는 양상을 띤다고 말한다. 전통적인 역학은 병인을 설명하기 위해 질병 발생률 분포 및 이러한 분포에 영향을 끼치는 요인들을 탐구하는 데 초점을 맞춘다. 반면 대중역학은 질병 발병에 관한 인과적 사슬의 일부로 전통적 역학 연구들이 간과하는 사회구조적 요인들을 탐구하고, 정부나 기업의 주도로 이루어진 전통적인 연학 연구·위험평가·공중보건 규제 현황들이 갖고 있는 기본적인 가정들과 처방에 도전하며, 이를 보완하기 위해 정치적·법적 투쟁을 벌이는 사회운동의 요소를 포함한다.

과학기술학자들은 RCA암 논쟁과 삼성백혈병 산재소송 관련 법적 투쟁에 대한 사례 연구를 통해 어떻게 노동자들이 참여한 대중역학 활동이 일어나는지를 탐구했다. 이 연구에 따르면 대만에서는 필 브라운이 말한 바와 정확히 동일하게 전통적인 역학 패러다임에 도전하는 대중역학 활동이 벌어졌지만, 한국에서는 오히려 그 패러다임의 적극적 수용을 요구하는 활동이 이뤄졌다. 양국 운동가들 모두 정부나 기업의 주도로 이루어진 연구 결과에 도전하는 강력한 대중역학 활동을 벌였지만 역학이라는 과학 자체에 대해서는 정반대의 입장을 취한 것이다.

두 국가에서 왜 이렇게 다른 종류의 대중역학들이 출현했는지 검토해 보자.

RCA암과 삼성백혈병 논쟁

1. RCA암 논쟁과 경과

1960년대 이래 대만 정부는 세금 감면, 저임금, 환경 관련 미규제 등을 통해 외국기업의 투자 유치를 줄곧 시도했으며, 이 과정에서 1969년 미국의 가전제품 생산업체 RCA(Radio Corporation of America, 美國無線電公司)가 대만의 타오위안桃園 등지에 조립공장을 세웠다. 1980년대까지 RCA는 대만의 수출량에서 상당한 비중을 차지했으며, 대만의 전자산업 제조업체들에게 기술적 노하우를 전수해 주는 선도기업의 역할을 수행했다.

RCA에서 훈련받은 인력들은 이후 대만 전자산업의 토대가 되었다. 당시 약 3만 명이 RCA 공장에서 근무했는데, 직원들 대부분은 일자리를 찾아 시골에서 갓 고등학교를 졸업하고 올라온 젊은 여성들이었다. 이 여공들은 RCA 사측이 제공한 기숙사에서 거주하며 근무했다.

1986년에 RCA를 인수한 제너럴 일렉트릭(GE)은 이후 소비자용 전자제품 부문을 프랑스의 톰슨사에 넘겼다. 1992년 일부 대만 직원들이 25년 근속으로 퇴직연금을 받을 시기가 가까워지자, 이제 톰슨사의 소유가 된 RCA는 대만 공장을 매각하고 중국 대륙과 싱가포르로 공장 시설을 이전했다.

1994년, RCA가 공장을 다른 국가로 옮긴 상황에서 전 RCA 직원들의 충격적 폭로가 터져 나왔다. 사측이 타오위안 공장 주변에 독성 폐기물과 유기용제를 불법으로 투기했으며, 유기용제로 오염된 지하수를 기숙사와 구내식당에서 노동자들에게 식음수로 제공했다는 것이었다. 대만 환경보호국은 곧장 조사에 나서 RCA 공장 부지 부근의 토양과 지하수가 1급 발암물질 트리클로로에틸렌(TCE)과 테트라클로로에틸렌(PCE)을 포함한 수많은 독성 폐기물로 오염되어 있다는 것을 확인했다. 공장에서 2km 떨어진 곳

사망한 동료들의 사진을 들고 시위 중인 RCA 전 노동자들. 타오위안 공장에서 근무했던 노동자들 중 1천395명이 유방암을 비롯한 각종 암에 걸렸고, 그중 226명은 사망했다.

의 지하수조차 식수 기준치의 1천 배가 넘는 TCE로 오염되어 있었다.

1998년, 약 10만 제곱미터에 이르는 타오위안의 전 RCA 공장 부지가 정화 불가능한 '영구 오염 지역'으로 지정되었다.

대만 사회를 큰 충격에 빠트렸던 이 사건은 기업과 정부가 공동으로 만들어 낸 산물이었다. 대만 노공위원회가 1975년부터 1991년 사이에 8명의 노동감독관을 타오위안 공장에 파견해 「노동자건강관리법」과 「유기용제 중독 방지를 위한 노동안전 및 위생규제」 위반 사실을 적발했음에도 불구하고 대만 정부는 별다른 조치를 취하지 않았다. 더욱 안타까운 사실은, 이 문제가 환경오염을 넘어서 노동자들의 건강과 생명에도 악영향을 끼쳤으나 이 또한 묵인되었다는 것이다.

한편, RCA에서 근무했던 노동자들은 자신들 가운데 상당수가 암 투병 중임을 깨닫게 되었다. 이들은 1998년 〈RCA 자구회前美國無線電公司員工自救會〉를 조직하여 외부의 도움을 모색하기 시작했고, 산재 피해자들의 단체인 〈공작상해수해인협회工作傷害受害人協會, TAVOI〉가 손길을 내밀었다.

〈RCA 자구회〉와 TAVOI는 2001년 노공위원회의 협조 아래 전화 및 면접 조사를 실시했다. 그 결과 전 RCA 노동자들 가운데 무려 1천395명이 암에 걸렸고 그중 226명은 이미 사망했음을 알게 되었다. 이와 함께 TAVOI는 환경보호국에서 제공하는 '물질안전보건자료(MSDS)'를 검토하여, 전자산업에서 염색·세척·용접 등에 사용하는 유기용제들이 흡입·섭취·직접적인 피부 접촉 등 여러 경로를 통해 인체에 쉽게 침투 가능하며 만성 손상을 일으킬 수 있다는 사실을 확인했다.

그러나 대만 정부는 이러한 주장에 동의하지 않았다. 노동부 산하 〈노동직업안전위생연구소勞動及職業安全衛生研究所, IOSH〉에서 역학조사를 수행한 후 2001년에 연구 결과를 출판했는데, 연구소는 RCA 공장 부지가 오염되긴 했지만 그것이 전 RCA 노동자들의 암 유병율과는 통계적으로 유의한 상관관계를 보이지 않다고 결론 내렸다.

〈RCA 자구회〉는 자신들이 축적한 정보를 바탕으로 미국에서 소송을 진행하려 했지만 사건을 맡을 전문가를 갖춘 미국 로펌을 구하지 못했고, 결국 대만 타이베이 법원에서 재판을 진행하게 되었다. 이들은 529명의 전 RCA 노동자들을 원고로 한 집단소송을 시도했는데, 재판의 법적 절차를 담당할 〈RCA 관회협회桃園縣前美國無線電公司員工關懷協會〉가 구성되어 2009년부터 소송을 시작했으며 이 소송은 지금도 진행 중이다.*

2. 삼성백혈병 논쟁과 경과

삼성백혈병은 2000년대 말 제기된 문제지만 거시적 상황의 시작은 한국에서 산업재해와 직업병 문제가 사회적 의제로 부상되었던 1980년대 말로

* 2015년 4월 17일, RCA 전 노동자들이 RCA를 피고로 한 재판에서 승소했다는 해외 언론의 보도가 전해졌다. 타이베이 법원은 피고가 445명의 생존자와 가족들에게 1천8백31만 달러를 지급하라는 판결을 내렸다. TAVOI측은 배상액도 너무 적고 대상자의 수도 적어 재판을 더 진행할지 고민 중이라고 한다. (http://www.eetimes.com/author.asp?doc_id=1326495)

거슬러 올라간다. 1988년 영등포의 온도계 생산 공장에서 일하던 15세 소년노동자 문송면 군이 수은중독으로 사망했고, 같은 시기에 비스코스 인견사 생산 기업인 원진레이온 노동자들이 '죽음의 가스'로 불리는 이황화탄소에 집단 중독되는 사태가 발생했다. 이러한 사건들은 1987년 민주화 투쟁의 흐름과 맞물려 노동자 건강권을 둘러싼 문제 제기를 촉발시켰다.

이를 계기로 한국 사회에서 처음으로 산업재해와 직업병이 심각한 문제로 인식되기 시작했으며, 산업재해 추방 운동에 나서는 단체들이 속속 결성되기 시작했다. 산업안전보건운동의 이러한 성장과 노력에 힘입어 1989년 12월 「산업안전보건법」이 대폭 개정되었다.

과학기술학자 이영희는 이러한 산업안전보건운동의 성장과 발전 속에 삼성백혈병 사건을 위치시키고 다음과 같이 개괄한다.

2007년 3월, 삼성반도체 기흥 공장에서 근무했던 황유미 씨가 백혈병으로 사망했다. 같은 해 6월 황유미 씨의 유가족이 산재보험 유족 보상을 청구했고, 근로복지공단은 고인의 사망이 업무상 질병 때문인지 한국산업안전보건공단에 평가를 의뢰했다. 공단에서는 7월부터 11월 사이에 역학조사를 실시했으나 시간의 경과와 시설 변화 같은 요인들로 인해 확실한 답을 얻을 수 없었다.

대신 전체 반도체공장 노동자 23만여 명을 대상으로 역학조사를 벌였고, 2008년 12월 기흥 공장에서 백혈병 유발 가능 물질인 벤젠 등을 소량 검출했으나 노출 기준을 초과하지 않아 결국 반도체 공정에서의 백혈병 유병율이 통계적으로 유의미하지 않다고 결론지었다. 이 데이터를 바탕으로 2009년 5월 근로복지공단은 산재 불승인 결정을 내렸다.

한편, 황유미 씨 사망을 계기로 결집한 산업안전보건 운동가들은 2007년 11월 반도체공장 등 전자산업의 작업환경과 노동자 건강문제 연구 및 해결을 위해 〈삼성반도체 집단 백혈병 진상 규명과 노동기본권 확보를 위한 대책위원회〉를 출범시켰다. 대책위는 이듬해인 2008년 2월 활동영역 확장을 꾀하며 〈반도체 노동자 건강과 인권 지킴이, 반올림〉(이하 반올림)으로 이름을 바꾸었다. (186~187쪽 해설 참조)

〈반올림〉은 피해자 찾기 운동을 벌이고 이를 바탕으로 2008년 4월 5명의 백혈병 피해 노동자들을 규합해 집단 산재신청을 했으나 역학적 증거 불충분으로 기각되었다.

2010년 1월 〈반올림〉과 백혈병 사망자 유가족들은 근로복지공단의 불승인 처분 취소를 목적으로 서울행정법원에 소송을 냈으며, 2011년 6월 23일 원고 5명 가운데 2명이 승소하는 일부 승소 판결을 받았다. 재판부는 "인과관계 입증의 정도에 관해서 보면, 그 인과관계는 반드시 의학적·자연과학적으로 명백히 입증하여야만 하는 것은 아니고, 근로자의 취업 당시 건강상태, 질병의 원인, 작업장에 발병 원인물질이 있었는지 여부, 발병 원인물질이 있는 작업장에서의 근무기간 등 제반 사항을 고려할 때 업무와 질병 또는 그에 따른 사망 사이에 상당인과관계가 있다고 추정되는 경우에도 입증이 있다고 보아야 할 것"이라고 판결했다. 반도체 공장의 작업 환경과 백혈병 사이의 인과관계가 법적으로 인정된 최초의 사례였다.

근로복지공단이 판결에 불복하여 항소했지만 2014년 8월에 열린 항소심에서도 원심과 마찬가지로 원고 승소 판결이 내려졌다. 그에 앞서 2013년 10월에도 법원은 고 김경미 씨에 대해 원고 승소 판결을 내렸다.

2015년 현재 삼성반도체 및 하청업체들의 직업병 피해 노동자들 중 백혈병, 유방암, 자궁경부암, 뇌종양 등으로 인한 사망자는 60여 명에 이른다. 그들의 투쟁과 소송은 지금도 여전히 진행 중이다.

〔참고〕

한국 직업병 및 공해병의 짧은 역사와 〈반올림〉

한국의 직업병은 탄광 광부들의 진폐증에서 시작했다고 흔히들 이야기한다. 광산노동자들이 진폐증에 시달린다는 건 1960~1970년대에 이미 알려져 있었으며, 당시에는 진폐증과 제조업계 종사자들의 소음성 난청 정도만이 직업병으로 인정되었다. 경제발전의 이름으로 모든 것을 정당화하던 군사정권 시기에 직업병 문제를 공론화하는 것은 '조국의 이익에 반하는' 것으로 여겨졌다. 본문에서 언급했듯이, 사회적으로 직업병에 대한 문제의식이 싹트게 된 시발점은 1980년대 후반의 문송면 사건과 원진레이온 문제였다.

1959년 설립된 원진레이온(홍한화학섬유주식회사에서 1976년 원진레이온으로 개명)은 군사정부가 들여온 일본 차관자금으로 일본의 동양레이온으로부터 중고 방사기계를 사들이고 경기도 미금에 4만 평 규모의 공장을 건설하여 1966년부터 인견사 생산을 시작했다. 직업병 환자들이 가시적으로 드러난 것은 1987년. 이 회사에서 14~18년 동안 근무했던 4명의 퇴직 노동자들이 이황화탄소 용액에서 녹인 펄프에서 조견사를 뽑아내는 업무와 관련하여 팔다리 감각장애 및 마비, 언어장애, 기억력 감퇴 등이 발생했다고 청와대와 노동부에 진정서를 제출하면서부터였다.

노동부는 사측의 안전관리에 대해 허위 보고서를 작성하는 등 왜곡과 무성의로 일관했다. 이에 1988년 8월 〈원진레이온 직업병 피해자 가족협의회(원가협)〉가 결성되어 노동, 보건, 의료분야 사회단체들과 함께 진상 조사, 대중집회, 기자회견 등 적극적인 활동을 이어 갔다. 3년여에 걸친 긴 투쟁 끝에 결국 1991년 이황화탄소에 의한 업무상 재해 인정 기준이 마련되었다. 이후 1993년까지 총 3백여 명의 원진레이온 출신 노동자들이 직업병 판정을 받았다.

1988년 7월에는 온도계에 수은을 주입하고 압력계를 시너로 닦는 일을 하던 15세 문송면 군이 수은중독으로 사망하면서 큰 충격을 던졌다. 이 사건은 원진레이온 사태와 더불어 직업병에 대한 사회적 관심을 높이는 결정적 촉매가 되었다.

가려져 있던 직업병들이 이때를 기점으로 속속 드러나기 시작했다. 산업안전보건연구원의 조사 자료에 따르면 1987년 9월 이천의 한 형광등 제조업체 노동자 대부분이 만성수은중독으로 판명되었고, 춘천의 온도계 제조 공장에서는 80% 가량이 수은중독 진단을 받았다. 1989년 도금사업장에 대한 조사에서는 629명 가운데 약 30%에게서 비중격천공이 발견되었다. 1990년에는 지하 맨홀에서 전화케이블 납땜을 하던 근로자가 만성신부전으로 사망했는데, 그 1년 전인 1989년에 실시된 전기통신공사 특수검진에서는 피조사자 4천313명 중 35%가 납중독 요주의자로 판명되기도 했다.

1991년에는 원진레이온 퇴직 이후 직업병 후유증으로 사망한 고 김봉환 장례투쟁의 성과로 원진레이온에 대한 역학조사가 실시되었다. 이황화탄소에 의한 업무상 재해 인정 기준은 바로 이 조사 결과를 반영한 것이다. 이듬해에는 노동부의 '직업병 예방 종합대책'의 일환으로 산업보건연구원이 설립되었다.

그러나 삼성백혈병 투쟁에서 드러나듯 한국의 직업병 문제는 여전히 '해결'과는 거리가 먼 상황에 놓여 있다. 한국산업안전보건공단의 「2013 산업재해 현황분석」에 따르면 1천540만 노동자 가운데 9만2천 명이 산재를 당했으며 그중 사망자는 1천929명, 부상자 8만2천803명, 업무상 질병 발생자는 6천788명이다.

직업병에 대한 언급 자체가 금기시되던 1980년대와 비교하면 괄목할 만큼 많은 사례들이 드러나고 있지만, 〈반올림〉 활동가 공유정옥이 지적하듯이 이러한 지표들은 사실 근로복지공단과 기업주의 관점에서 짜여 있는 것이며 산재 노동자와 가족들의 고통은 그 어떤 통계에도 포함되지 않는다. 뿐만

삼성 본사 앞에서 시위 중인 〈반올림〉 활동가들과 유가족들(사진 제공 반올림)

아니라, 삼성백혈병을 포함한 많은 직업병들이 아직 업무상 재해로 인정되지 않고 있다.

〈반올림〉과 같은 산업안전보건운동 조직의 활동은 이렇듯 비가시화된 직업병 환자들을 '과학적, 정치적, 사회적'으로 가시화하려는 집단적 노력이라고 볼 수 있다. 삼성백혈병 투쟁을 이끌고 있는 시민단체 〈반올림〉을 홈페이지에 실린 자기소개에 기초하여 개괄하면 다음과 같다. (http://cafe.daum.net/samsunglabor 2015. 2. 17 접속)

〈반올림〉은 2007년 11월 20일 고 황유미 씨가 근무하던 삼성반도체 기흥 사업장 앞에서 〈삼성반도체 집단 백혈병 진상 규명과 노동기본권 확보를 위한 공동대책위원회〉란 이름으로 처음 발족했으며, 2008년 2월부터는 백혈병 이외의 다른 직업병을 포괄할 뿐만 아니라 삼성 이외의 기업에서 근무하는 반도체 및 전자산업 노동자들을 아우른다는 차원에서 〈반도체 노동자의 건강과 인권 지킴이, 반올림〉으로 이름을 바꾸었다.

〈반올림〉은 원래 경기비정규노동센터, 노동건강연대, 노동안전보건교육센터, 다산인권센터, 민주노총 경기도본부, 민주화를위한전국교수협의회, 삼성해고자복직투쟁위원회, 인도주의실천의사협의회, 한국노동안전보건연구소 등 20여 단체가 모인 연대조직이었으나 지금은 더 지속적이고 안정적인 활동을 위해 연대체가 아닌 독립적 단체로 바뀌어 가는 중이다. 현재 상임활동가 3명을 두고 있으며 다산인권센터, 한국노동안전보건연구소 등이 운영에 참여하고 있다. 반올림의 활동 목표는 다음과 같다.

1) 산업재해 진상 규명과 보상 쟁취
2) 무노조 경영으로 신음하는 삼성 노동자들의 노동3권, 건강권 등 '노동기본권' 쟁취
3) 신자유주의 세계화의 문제점 비판
4) 아시아 지역 전자산업 노동자들 간의 국제연대 활동

만화, 영상, 서적 등 다양한 매체들을 통해서도 삼성백혈병 문제와 〈반올림〉의 활동을 확인할 수 있다.

『사람 냄새 : 삼성에 없는 단 한 가지』(김수박, 2012, 보리), 『먼지 없는 방 : 삼성반도체 공장의 비밀』(김성희, 2012, 보리)에는 고 황유미의 부친 황상기와 고 황민웅의 아내 정애정 등이 〈반올림〉과 함께한 투쟁의 과정이 담겨 있다. 영화 〈또 하나의 약속〉(감독 김태윤, 2014)과 다큐멘터리 〈탐욕의 제국〉(감독 홍리경, 2014)은 삼성백혈병 문제에 관한 좋은 시각 자료이다.

『삼성반도체와 백혈병』(박일환·반올림, 삶이보이는창, 2010), 『삼성이 버린 또 하나의 가족』(반올림·희정, 아카이브, 2011)는 〈반올림〉이 주도적으로 저술한 책이다.

대중역학의 두 가지 스타일

1. 정통 역학 패러다임에 대한 도전 vs 역학 연구 기준의 충실한 준수

대만과 한국의 시민단체와 노동자들은 정부와 사측이 제안하는 전문가 중심의 전통적 역학조사에 동의하지 않았다. 그들은 해당 조사가 갖고 있는 여러 문제점들을 지적하며, 이를 보완하기 위한 과학적 증거 수집 활동에 참여해 달라고 노동자와 시민들을 독려했다.

이런 맥락에서 우리는 양국의 사례가 둘 다 대중역학 활동에 해당한다고 해석할 수 있다. 그러나 두 나라의 활동가들은 투쟁 과정에서 서로 다른 결론을 내렸다.

과학기술학자 폴 조빈과 쳉유웨이는 2009년 타이베이 법원에서의 소송 과정을 탐구했다. 그들은 이 재판이 역학적 증거를 최선의 과학적 증거로 삼는 대만 법원의 입장을 지지하고 유지하려는 RCA 변호인(자본가 측)과, 이를 논박하고 독성학적 연구 및 동물실험 등과 같은 기타 연구들의 과학적 근거 능력을 강조하는 〈RCA 관회협회〉(노동자 측)의 대결이었다고 해석한다.

앞서 언급했듯이 2001년에 대만 노동부 산하 〈노동직업안전위생연구소(IOSH)〉는 역학조사 결과 RCA 공장 부지가 오염된 것은 맞지만 그 오염과 암 유병율 사이의 상관관계가 통계적으로 유의미하지는 않다고 보고했다. 이 연구는 RCA 사측이 노동자들의 발병과 그들의 타오위안 공장 근무 사이에 과학적 인과관계가 성립되지 않는다는 주장을 하는 데 동원되었고, 2009년 소송에서 사측 변호사들도 이 IOSH 보고서를 토대로 역학적 분석이 인과관계를 드러내지 않는다고 단언했다.

반대로 노동자 측 변호사들은 1970~1990년대 위험 노출 조건을 제대로 확인할 수 없는 상황에서 만들어진 역학조사는 완전한 과학적 증거가 될 수 없다고 주장했다. 대신 이들은 국립대만대학교 보건대학 왕정대 교수 팀의 독성학 및 동물실험 연구들을 근거로 제시하며, 이 연구들이 상관관계를 입증하는 데 충분히 과학적으로 근거 있는 자료라고 강조했다. 이 연구는 RCA 공장 부지 근처 지하수를 섭취한 수컷/암컷 쥐에게 암 발병을 포함한 여타 유독 반응이 나타났다는 결론을 담고 있었다.

왕정대 교수 팀은 이외에도 IOSH와 독립적으로 역학조사를 수행했다. 대표적인 것이 1973~1997년에 근무했던 6만3천982명의 여공에 대한 코호트 조사cohort study*였는데, 1979~2001년 사이 157명이 암 진단을 받았다는 데이터를 얻었음에도 불구하고 통계적으로 유의미한 결과를 얻지는 못했다.

이 상황에서 왕 교수 팀의 대학원생이자 이후 양명대학교 보건대학 교수가 된 린이핑林宜平은 이렇게 기업의 제재로 인해 제공받을 수 있는 정보가 제한된 경우 전통적인 역학방법론 자체의 한계와 제약 때문에 여기에만 기댈 수는 없다고 주장했다. 뿐만 아니라 연구에 활용되는 데이터에 젠더 편향이 존재한다고 비판했다. RCA 여공들이 접촉했던 독성 물질인 트리클로로에틸렌TCE 관련 역학 연구가 그 동안 항공산업 남성 노동자를 중심으로 이루어져 왔다는 것이다.**

RCA 노동자의 지지자들과 시민단체는 대만 정부 및 법원이 산재 관련 데이터 수집 과정에서 역학적 증거만 강조하고 노동자들의 증언이나 기타 과학적 연구들은 무시한다고 비판하며, 이 역학 중심 패러다임 자체가 문제임을 법정 안팎에서 강하게 주장했다. 대만의 대항 전문가들이 펼친 활

* 특정 경험을 공유하는 집단(코호트)을 대상으로, 조사 주제와 관련된 경과와 결과를 일정 기간마다 되풀이하는 조사 방식

** 린이핑은 역학 연구뿐만 아니라 독성학 연구에서도 최소한 트리클로로에틸렌(TCE)에 관해서는 젠더 편향이 존재한다고 주장한다. 왕정대 교수팀 이전 연구들은 모두 수컷 쥐만을 대상으로 TCE의 독성을 시험했다.

동과 주장은 이렇듯 고전 역학 패러다임에 대항하는 전형적인 대중역학의 성격을 띠고 있었다.

한편, 한국의 삼성백혈병 재판에서는 그 누구도 역학 중심 체계를 문제 삼지 않았다. 〈반올림〉과 유가족 측은 오히려 한국산업안전보건공단과 인바이런이 엄격한 역학적 방법론을 취하지 않았다고 비판했다. 대만의 활동가들처럼 전통적 역학 패러다임에 도전하기보다는 이를 적극적으로 수용하고 동의하면서, 그 체계 내에서 기업 측의 주장이 비과학적이라고 논박했던 것이다.

일례로 2008년 12월 반도체공장 내 백혈병 위험의 통계적 유의성을 부정한 산업안전보건원의 코호트 분석에 대해 〈반올림〉은 "영미권의 역학 전문가들이 이미 지적했듯이, 발병이 자주 일어나는 지역의 인구집단과 그렇지 않은 인구집단을 모두 분모로 포함시켜 분석하는 것은 고위험 집단의 존재를 희석시켜 통계적으로 유의미하지 않은 결과를 도출하게 된다"고 비판했다. 더불어, 환경 및 산업역학의 기본 개념인 '건강노동자 효과healthy worker effect', 즉 질병이나 장애가 있는 사람들은 고용에서 배제되거나 일찍 퇴직하기 때문에 직업을 가진 인구집단의 사망 및 질병 수준이 일반 인구집단보다 더 낮게 나타난다는 측면을 고려하지 않았다고 주장했다.

〈반올림〉은 또한 한국산업안전보건공단이 통계적 유의성과 역학적 유의성을 혼동하고 있다고 주장했다. 역학에서 인과관계를 검토할 때 일반적으로 사용되는 '브래드포드 힐 기준Bradford Hill Criteria'은 과학적 연구 결과나 실험연구 결과들이 없어도 업무관련성을 배제해서는 안 된다는 점을 명시하고 있는 바, 통계적 유의확률p-value만을 가지고 인과관계를 부정할 게 아니라 이러한 역학적 기준을 따라 역학적 유의성을 확인해야 한다는 게 대항 전문가들의 주장이었다.

삼성전자와 인바이런의 위험평가 결과에 대해서도 〈반올림〉은 유사한 입장을 취했다. 삼성전자는 2010년부터 1년에 걸쳐 인바이런에게 현재의 기흥 공장 환경을 바탕으로 한 과거 위험평가와 산재 신청자 6명에 대한 위험평가를 위탁했으며, 2011년 7월 14일에 위탁 연구 결과를 발표했다. 인바이런은 삼성반도체 기흥 공장의 유해물질 노출 수준이 국제기준보다 낮고 물질들이 잘 관리되고 있으며, 산재를 신청한 6명 가운데 4명은 발암물질에 노출된 적이 없고 2명은 질병을 일으킬 만한 수준이 아니라고 주장했다.

이에 대해 〈반올림〉은 인바이런이 삼성 측에서 제공한 작업환경 조사결과 같은 형식적 자료와 산업안전보건연구원의 역학조사 자료를 사용했다고 비판했다. 그리고 이들이 제대로 된 역학 연구를 수행하지 않고 겉핥기식 조사에만 그친다며, 보다 철저하고 완전한 역학조사를 수행해야 한다고 주장했다.

정리하자면, RCA 노동자 측이 역학 패러다임 자체가 문제라고 보고 법정의 역학 중심적 체계에 도전한 반면, 삼성백혈병 노동자 측은 전통적인 역학 패러다임을 옹호하고 오히려 기업과 정부 측에게 역학의 기본에 충실하기를 요구했다.

물론 〈반올림〉도 질병의 원인 규명을 소수의 과학 전문가들에게 위임한 채 과학적 판단에만 의존하는 것을 비판하고 사회적·정책적 판단을 강조했다. 그리고 2011년에 산재를 인정한 서울행정법원의 판결도 '의학적, 자연과학적으로 명백한 경우'가 아님에도 여타 사항들을 종합적으로 고려하여 이뤄진 것이었다. 하지만 〈반올림〉의 비판에서 중심 과녁은 '통계적 유의성'이었으며, 그것을 논박하기 위해 사회적·환경적 요소와 독성물질들의 복잡한 결합관계들을 모두 고려하는 '역학적 유의성'을 끌고 들어왔다는 점이 중요하다. 어떻게 대만과 한국의 대항 전문가들은 유사한 문제를 두고 이렇게 서로 다른 대중역학 활동을 전개해 나갔을까?

상황과 과정 및 전개는 비슷했다. 김종영과 김희윤이 잘 보여 주었듯이,

양국의 활동 모두 노동자들의 증언을 바탕으로 과학적 증거들을 구성하려고 노력한 '현장 중심의 과학'이었다. 기업이 작업장 환경 및 노동 기록, 산업공정 절차, 물품 목록 등을 독점하며 데이터를 은폐하여 노동자 측이 충분한 자료를 수집하기 어려웠다는 점도 똑같았다. 노동자들이 근무했던 과거 상황을 재현하는 게 불가능했으며, 법적으로 노동자가 질병과 근무 사이의 인과관계를 증명해야 하는 것 또한 동일했다.

'고용 과학'과 다투어야 하는 일 또한 양쪽 모두가 직면한 문제였다. 대만에서는 1990년대에 RCA의 자문 역할을 수행했고 친기업 과학자로 악명이 높은 미국 산마테오 대학의 오토 웡Otto Wong 박사가 RCA 변호인 쪽 증인으로 나섰다. 그는 노동자 측이 주장하는 질병 발생과 RCA 근무 사이의 상관관계가 통계적으로 유의미하지 않으며 RCA가 책임을 질 필요가 없다고 주장했다. 한국에서는 과거 "베트남전쟁 참전 군인들의 건강 문제는 고엽제와 무관하다"는 용감(?)한 주장을 편 바 있는 인바이런이 삼성반도체 공장의 무죄를 증명하기 위한 '과학적 증인'으로 동원되었다.

이렇듯 공통점이 많았던 두 사례에서 도대체 무엇이 전통 역학에 대해 상반되는 목소리를 내도록 만들었을까?

2. 다른 스타일들의 배경 : 현장 접근 가능성과 전문성의 차이

의문을 풀어 줄 실마리를 우리는 대만에서 RCA를 비롯한 전자산업 노동자 건강권을 위해 투쟁하는 활동가이자 환경정책학자인 투웨이링의 이야기에서 찾을 수 있다. 〈반올림〉 활동가 공유정옥과의 대담에서 그녀는 RCA 투쟁과 관련해 대만의 시민단체 및 대항 전문가들이 겪는 어려움으로 다음의 세 가지를 꼽는다.

첫째, RCA 공장의 작업 환경이 매우 빠르게 변화했고 1992년에 이미 공장이 사라져 버렸으며 많은 여공들이 결혼 이후 회사를 떠나 당시 근무했던 노동자들과 지역 주민들을 추적하기가 어렵다. 둘째, 대만의 경우 모든 행정자료들이 남성을 중심으로 구성되어 있어 결혼한 여성들의 이름을 확인하기가 쉽지 않다. 셋째, RCA라는 회사 자체가 GE와 톰슨의 합병으로 인해 현재 존재하지 않는다.

이와 달리 한국에는 현장이 그대로 남아 있었다. 비록 삼성전자 측이 근무 환경을 과거와 다르게 바꾸었다 하더라도 노후화된 기흥 공장은 그대로 있어 활동가들이 직접 공장의 구조를 확인할 수 있었고, 이는 〈반올림〉 활동가들에게 유용한 정보가 되었다. 또한 대부분의 노동자들을 직접 접촉하여 현장과 대조해 가며 그들의 이야기를 들을 수 있었다.

김종영과 김희윤의 인터뷰에 따르면 〈반올림〉 활동가들은 현장 노동자들과의 긴밀한 대화를 통해 삼성 측이 없다고 주장했던 방사선 피폭 위험 요인도 발견할 수 있었다. 기업 측이 관련 데이터를 은폐하고 폐기한다는 점에서는 똑같은 어려움을 겪었지만, 현장을 통해 증거에 접근할 가능성은 대만보다 훨씬 높았던 것이다. 이를 토대로 노동자 측의 대항 전문가들은 작업 공장의 문제들을 직접 확인할 수 있었고, 넓은 의미에서 '역학적 요인'에 포함될 만한 것들을 발견할 수 있었다.

반면 대만의 경우엔 정부가 노동자들의 증언을 인정하지 않고 역학적 증거만을 요구하는 상황에서 당시 상황들을 재구성해 관련 요인들을 발견할 수 있는 현장이 없었기에, 역학적 증거를 제외한 다른 과학적 근거들을 고려해 달라고 '요청'할 수밖에 없었다.

현장 접근 가능성의 차이 외에 두 집단의 차이를 만들어 낸 또 하나의 요인은 양국 대항 전문가들의 서로 다른 전문성이었다. 투웨이링에 따르면 대만의 RCA 논쟁에서 노동자들을 위해 모인 대항 전문가들은 '환경공학자, 보건학 연구자, 법률 전문가들과 사회학, 철학, 공공정책' 관련 연구자들이었다. 반면 김종영과 김희윤의 관찰에 따르면 한국에는 '법률 전문가들과 다수의 산업위생의 및 안전보건의들, 그리고 한 명의 역학자'가 존재했다.

역학적 전문성을 갖춘 대만의 린이핑 등은 비판역학critical epidemiology 및 대중역학 논의에 친숙하여 전통 역학에 대해 비판적 시선을 갖기가 쉬웠을 것으로 추측된다. 또한 '정상 과학'에 대해 비판적인 다수의 사회과학자들이 참여한 상황에서, 정부와 기업의 이해에 부합하는 것처럼 보이는 전통 역학 패러다임에 대해 회의적인 분위기가 만연했다. 반면 역학적 패러다임이 중심인 상황에서 자기들에게 부족한 역학 전문성을 갖추는 것이 시급했던 한국의 대항 전문가들은, 투쟁 과정에서 역학을 본격적으로 학습하며 정부와 삼성 측이 역학조사의 기본 원칙들을 지키지 않는 것을 확인한 것으로 보인다.

역설적이게도 역학에 대한 전문성을 두루 확보한 대만의 경우 역학 패러다임에 문제를 제기한 반면, 이를 갖추지 못한 한국의 활동가들은 역학 전문성을 갖추려 애쓰면서 오히려 역학 패러다임에 충실하려 했던 것이다.

〔참고〕

환경오염 위험에 대한 기업들의 대응 전략
: 신일본질소비료공장의 미나마타병 사례

1908년 일본질소비료주식회사(1950년 신일본질소비료, 1965년 칫소주식회사로 개명, 이하 칫소사)의 공장이 구마모토 현 미나마타 시에 자리 잡은 이래, 공장 폐수로 인한 오염 문제는 이 지역 주민들의 일상이 되었다. 지역 어업협동조합은 1925년을 시작으로 1949년, 1954년에 칫소사에게 오폐수로 인한 어업 피해 보상을 거듭 요청하고 협상을 요구했다.

구라마타 가쿠인 대학 하라다 마사즈미原田正純 교수에 따르면 당시 미나마타 어민들은 공장에서 방출되는 카바이드 가스 때문에 그물이 해진다는 점, 공장폐수가 방출되는 햣켄 항의 물이 닿기만 해도 생선들이 모두 죽는다는 점 등을 지적하며 오폐수에 의해 어획량이 급격히 감소하고 있다고 문제를 제기했다. 그러나 칫소사는 과학적이지 않고 자료가 부족하다며 어민들의 주장을 번번이 무시했다.

'과학적 증거'의 부족에도 불구하고, 1950년부터 미나마타 시에서는 의심스러운 일들이 더욱 많이 일어나기 시작했다. 어획량이 절반에서 심한 경우 1/3까지 줄었을 뿐만 아니라, 수많은 종류의 물고기 사체들이 바다 위로 떠올랐다. 전갱이 새끼들이 미친 듯이 돌아다니고, 해안 1킬로미터 이내의 조개들이 모두 죽어 썩어 갔을 뿐만 아니라, 까마귀를 비롯한 새들이 비행 중 추락하거나 바다 속으로 뛰어들기도 했다. 더 충격적인 일은 가정집에서 기르는 애완용 고양이 121마리 가운데 74마리가 미쳐 날뛰다 죽어 갔다는 것이다.

1956년에 운동장애, 언어장애, 지각마비, 시력장애, 청력장애, 정신이상 등의 모습을 보이고 치사율이 30%가 넘는 '미나마타병' 환자들이 확진되고 그해 겨울 '해산물 섭취로 인한 중금속 중독'이라는 원인 발표가 이어진 뒤, 1959년에는 원인물질이 유기수은화합물이라는 사실이 밝혀졌다. 그러나 그 물질의 진원지는 여전히 미궁이었다. 칫소사는 자사 초산공장 아세트알데히드 공정의 증류 폐수에 포함된 수은화합물에 의해 미나마타병이 발생한다는 사실을 진작부터 알고 있었으나 은폐했고, 일본화학공업협회와 도쿄공업대학 교수 같은 '청부과학자'들을 동원해 원인물질 규명을 더욱 어렵게 만들었다.

1963년 2월, 구마모토 대학 이루카야마 교수가 1960년에 초산공장의 반응관에서 직접 채취한 슬러지 일부를 분석하여 공장폐수가 미나마타병의 원인이라는 것을 밝혀냈다. 하지만 미나마타병이 칫소 공장의 폐수에서 비롯된 것임을 일본 정부가 공식적으로 인정한 것은 5년 뒤인 1968년 9월이었다.

과학사학자 나오미 오레스케스Naomi Oreskes와 에릭 콘웨이Erik M. Conway는 흡연의 위험성에 대한 연구 결과와 사회적 반응에 관한 대응으로 미국 담배회사들이 흡연과 암의 연관관계에 관한 '과학적 불확실성'을 조직적이고 체계적으로 생산했음을 지적했다.

1950년대 초반에 흡연이 암을 유발한다는 과학적 연구 결과들이 도출되고 뉴스의 메인을 장식하자 아메리칸토바코, 벤슨앤드헤지스, 필립모리스,

윌리엄 유진 스미스, 1972, 〈목욕하는 도모코 우에무라, 미나마타병〉

유에스토바코 같은 담배 제조기업들은 〈담배산업연구위원회Tobacco Industry Research Committee〉를 결성하여 적극적인 대응에 나섰다. 이 위원회는 담배의 유해성에 관한 과학적 증거들에 이의를 제기하고, 담배와 암의 연관성에 의문을 제기하는 연구에 대규모 예산을 지급했을 뿐만 아니라, 논쟁의 양쪽 입장을 균형 있게 다뤄야 한다며 주요 언론들로 하여금 반대 입장을 게재하게 함으로써 이 문제에 관해 과학적 불확실성이 존재하는 것처럼 만들었다.

이 사례는 칫소사의 미나마타병 대응 방식과 정확히 겹치는 일종의 '구조적 패턴'을 보이는데, 그것은 '청부과학자'를 동원해 과학적 불확실성을 강조함으로써 문제의 해결을 지연시킨다는 점이다. 이처럼 기업이 주도하여 불확실성을 '만들어 내는' 모습은 삼성백혈병이나 대만 RCA암 사례에서도 동일하게 발견되는 현상이다.

이와 함께 주목해야 할 점은 1968년 미나마타 공장 문을 닫은 칫소사가 남은 수은 원액 100톤을 한국으로 수출하려 했다는 사실이다. 비록 칫소 노동조합의 격렬한 반대로 무산되긴 했지만, 한 국가에서 오염물질 또는 오염물질 생산 기계들이 문제가 될 경우 그것을 후진국으로 수출하는 행태는 미나마타병 사례를 비롯한 여러 직업병 문제와 관련해 동아시아에서 일종의 패턴처럼 반복되어 왔다.

예를 들어 1964년 일본의 동양레이온 노동자들이 비스코스 레이온과 셀로판 등의 제조과정에서 이황화탄소 노출로 중추신경 장해·말초신경 장해·행동 및 정신장해 등의 직업병을 얻었다고 판명되었음에도 불구하고, 한국의 원진레이온(당시 홍한화학섬유주식회사)은 그 중고 기계를 '수입'하여 1966년부터 30여 년간 비스코스 레이온을 제조함으로써 수많은 노동자들을 죽음으로 몰아넣었고, 824명에 달하는 '원진 직업병' 환자들을 양산했다.

1993년 원진레이온 폐업 이후에는 이 죽음의 방사 기계가 다시 중국의 단둥레이온 공장으로 '수출'되었다. 동아시아 지역에서 야만적인 공해병 수출 게임이 쳇바퀴처럼 진행되고 있는 것이다.

소결

전자산업 노동자들을 둘러싼 언던 사이언스

RCA 논쟁에서 선두에 선 인물들 중 하나였던 보건학자 린이핑, 삼성백혈병에 대한 연구를 수행한 과학기술학자 김종영과 김희윤, 그리고 〈반올림〉 활동가이자 산업보건의인 공유정옥에게는 명확한 공통점이 하나 있다. 그들 모두 한국과 대만의 두 사례를 "언던 사이언스"라고 말한다는 점이다.

린이핑은 지난 수십 년간 트리클로로에틸렌(TCE)과 관련해 이루어진 독성 연구가 여성 건강에 끼치는 영향을 배제해 왔음을 드러냈다. 김종영과 김희윤은 삼성과 한국 정부 측이 삼성반도체 공장에서 다양한 종류의 발암물질이 검출되지 않도록 하기 위해 세밀하고 철저한 연구를 피하려고 노력했음을 지적한다. 공유정옥은 현재 사용되는 화학물질들 가운데 극소수의 물질만이 발암성 시험을 거쳤고 다른 것들은 묵과되고 있다고 비판한다. 논쟁 당사자들의 이 같은 지적에서 확인되듯이, 전자산업 노동자 건강과 관련된 산재과학 논쟁은 데이비드 헤스가 뜻한 바 그대로의 언던 사이언스에 가장 적절한 사례일 것이다.

그러나 헤스의 개념을 더욱 확대한 우리의 렌즈로 문제를 살펴볼 경우 더욱 흥미로운 점이 발견된다. 그것은 두 지역에서 나타나는 대중역학의 유형의 차이다.

필 브라운은 시민들의 참여로 이뤄지는 대중역학이 전통적인 역학 패러다임에 도전한다고 주장했으며, 대중역학 활동으로 평가되는 많은 사례들이 실제로 기존의 역학 패러다임을 문제 삼았다. 그런데 대만 RCA 논쟁에서 대중역학을 주도한 활동가들은 현재의 편향적인 역학 중심 체계가 언던 사이언스를 만들어 낸다고 비판했지만, 한국의 삼성백혈병 투쟁에서 대중역학을 이끈 활동가들은 기업과 정부가 역학 연구를 철저히 하지 않음으로써 언던 사이언스를 생산한다고 주장했다.

이는 전자산업 산재 관련 과학 논쟁이라 하더라도 항상 기업·정부·역학 vs 노동자·시민단체·대안과학(역학 패러다임에 대한 도전)이라는 이분법으로 진영이 나뉘지는 않음을 보여 준다. 과학지식 생산의 대안적 통로가 전통적인 과학(여기서는 역학) 바깥에서뿐 아니라 내부에서도 얼마든지 생겨날 수 있는 것이다. 이 경우 해당 과학 자체가 절대적으로 옳다거나 그르다는 평가는 성립될 수 없으며, 그것이 권력·자본 혹은 노동자·시민이라는 특정 세력(용의자!)의 이익에 봉사한다는 평가 또한 당연히 성립할 수 없다.

바로 이것이 '과학적 진리'에 대한 믿음에 기대어 모든 과학 논쟁을 이분법적으로 바라보는 '용의자 X론'을 보완해 주는 언던 사이언스의 통찰이다.

10장

후쿠시마, 그 이후
: 저선량 전리방사선의 정치

"후쿠시마 현 학부모들은… 연간 20mSV(밀리시버트)로 정해 놓은 '새로운' 상한선이 일반인의 연간 피폭 상한선인 1mSV와 비교할 때 너무 느슨하다며 기준치를 철회할 것을 요구했습니다."
(YTN, 「느슨한 방사선 대책, 성난 후쿠시마 학부모들」, 2011. 5. 25)

원자력안전위원회가 서울 월계동 도로의 방사선 정밀측정 결과 인체에 무해하다는 결론을 냈다. 하지만 어린이에게 미치는 영향이나 도로가 처음 깔렸을 때 방사선량 등에 대한 명확한 설명이 없어 환경단체들의 비난이 높다. …서울 월계2동 주택가 도로에서 피폭될 수 있는 연간 방사선량은 0.51mSV, 학교 주변 도로에서는 0.69mSV였다. 이 수치는 원자력안전법에서 정한 일반인 연간 선량한도(1mSV) 미만으로 인근 주민의 안전에 문제가 없다는 것이다. …그러나 시민단체들은 "국민들에게 안전성을 설득할 수 없는 발표였다"고 즉각 반박하고 있다.

(원자력신문, 「정부 '방사선 무해' vs 환경단체 '위험성 축소'」, 2011. 11. 14)

과학과 정치가 분리 불가능하게 얽혀 있음을 지적하는 과학기술학 연구의 렌즈로 볼 때 흥미로운 현상 가운데 하나는 신문 잡지들에서 과학 및 의학과 무관해 보이는 지면들에 과학 용어가 등장하기 시작한다는 것이다. 지난 10여 년간 줄기세포, 크로이츠펠트-야콥병(CJD : 인간광우병), 신종플루(H1N1) 같은 과학 용어들이 정치적 문제와 얽혀 신문의 정치나 국제면을 장식했다.

저선량 전리방사선(이하 저선량 방사선)은 2011년 일본 후쿠시마 다이치의 원자력발전소 사고 이후 일간지 정치란에 꾸준히 등장하는 과학 용어들 가운데 하나다. 위에서 언급한 기사의 제목과 같이 현재 일본과 한국에서는 저선량 방사선 위험 문제를 두고 〔정부 '방사선 무해' vs 환경단체 '위험성 축소'〕라는 구도 속에서 논쟁이 전개되고 있다. 양국의 맥락이 많이 다르지만 거칠게 정리하자면, 일본과 한국 정부는 저선량 혹은 극저선량의 방사선은 인체에 무해하다는 입장이고 시민단체와 대항 전문가들은 아무리 낮은 수준의 방사선이라도 인체에 해로운 영향들을 끼친다는 입장이다.

저선량 방사선을 둘러싸고 벌어지는 이 논란은 분명히 과학 논쟁의 성격을 띠고 있다. 이 장에서는 과학 논쟁의 본성에 대해 탐구해 온 과학기술학 연구들에 기초하여 일본에서의 저선량 방사선 논쟁을 검토한다.

사실 저선량 방사선에 대한 인류의 과학지식은 매우 제한적이다. 그 불확실성 때문에 어느 한쪽의 입장이 과학적이고 다른 쪽 입장이 비과학적 혹은 정치적이라고 단면적으로 평가하기 어렵다. 여기에서는 지식 자체에 대한 평가보다는 지금의 논쟁 속에서 어떤 지식들이 만들어지고 배제되는지, 어떤 새로운 문제들을 야기하는지를 주로 살펴볼 것이다. 이를 위해서는 과학 논쟁을 '오염된 정치적 의도 vs 과학적 진리'로 바라보는 '용의자 X론'의 관점에 입각한 비난들을 잠시 논의 바깥으로 제쳐두는 게 필요하다.

원전 문제와 관련해 용의자 X가 없다거나 불확실하다고 주장하려는 것은 아니다. 후쿠시마 원전 사고의 근원은 친親원자력 전문가·정부 관료·전력산업계로 이루어진 '원전 마피아'들의 헤게모니에 기인한 것이라고 말해도 전혀 틀리지 않다. 사고 이후 일본 정부나 친원자력 전문가 집단이 눈 가리고 아웅 식의 '안전' 담론을 조직적으로 생산하는 경향을 보이는 것 또한 분명하다.

그러나 논쟁에서 부상하는 쟁점과 문제들을 포괄적으로 이해하려면 현행 저선량 방사선 기준치를 안전하다고 주장하는 집단과 위험하다고 주장하는 집단이 어떻게 각자의 타당성을 내세우며 정당화 전략을 펼치는지, 특정 지식의 옳고 그름을 어떠한 이해에 기초해서 서로 다르게 바라보는지 탐구할 필요가 있다. 이를 위해서는 무엇보다도 언던 사이언스의 엄밀한 렌즈가 필요하다.

이 장에서는 언던 사이언스의 관점에 기초해 저선량 방사선을 둘러싼 일본 사회의 지식의 정치를 검토할 것이다. 그리하여 '진실 VS 거짓'이라는 이분법적 구도에서는 포착되지 않는 쟁점들과 문제적 상황들을 드러낼 것이다.

방사선 관리기준치 형성의 역사

현재 일본과 한국에서 벌어지고 있는 방사선 위험 논쟁을 보다 명확히 이해하려면 저선량 방사선이 왜 문제로 등장했는지, 이에 대한 연구와 대처가 어떻게 이뤄져 왔는지에 대한 역사적 맥락의 검토가 필요하다.

저선량 방사선이 위험하며 관리해야 할 대상으로 인식되기 시작한 것은 1950년대였다. 당시 논의의 특징 가운데 하나는 저선량 방사선이 초래할 유전적 효과genetic effect에 초점이 맞춰져 있었다는 점이다.

1954년 3월 1일 태평양 연안의 비키니 환초에서 미국의 핵실험이 진행되었다. 당시 약 3백여 명이 방사선 낙진에 피폭되는 사고가 발생하면서, 저선량 방사선에 대한 위험 논란이 처음으로 들끓었다. 미국원자력위원회(AEC)는 핵실험으로 배출된 방사선이 미량이므로 인체에 무해하다고 주장했지만 저명한 유전학자인 허먼 조지프 멀러Hermann Joseph Muller와 알프레드 스터트번트Alfred Sturtevant가 곧바로 이를 반박했다.

스터트번트는 방사성 낙진처럼 인공적으로 발생된 방사선에 인체가 피폭될 경우 유전학적 변이가 발생해 피폭자와 그 자손들이 피해를 입을 가능성이 있다고 주장했다. 이와 함께 그는 저선량 방사선의 유전학적 영향에 대한 '선형무역치(LNT : Linear Non-Threshold) 모델'*을 제안했다. 이에 따르면 아무리 방사선 피폭량이 적더라도 당사자와 후속 세대는 유전성 질환을 비롯한 유전학적 손상을 입을 가능성이 있었다. 스터트번트는 미국과학진흥협회(AAAS) 강연에서, 1954년의 핵실험이 수많은 사람들에게 생물학적 피해를 끼친다는 데 의심의 여지가 없다고 단언했다.

이듬해인 1955년 2월, AEC는 피폭자들의 건강에 해를 끼치기에는 방사선량이 극히 경미하다는 '공식 결론'을 내렸다. 유전학자들의 문제 제기가 기각되긴 했지만, 1년여에 걸친 논쟁 과정에서 저선량 방사선에 대해 명확한 규제 지침이 필요하다는 사회적 공감대가 형성되었다. 이미 1953년에 아이젠하워 대통령이 "평화를 위한 핵Atoms for Peace" 슬로건을 내세운 바 있었고, 원자력의 상업화 및 발전소 건립이 이루어지면서 원전노동자의 피

* 선형무역치 모델은 방사선 피폭량과 암 발생 위험도가 선형 관계(직선의 비례 관계)를 보이며 '문턱 선량(=역치. 어떤 반응을 일으키는 데 필요한 최소량)'은 없다고 추정하는 모델이다. 즉, 극저선량의 방사선이라도 그 양에 비례하여 암 발생의 확률이 존재한다고 보는 모델이다.

폭 한도 설정이 중요한 문제로 부상한 것 또한 한몫했다.

1956년 미국과학아카데미(NAS)와 학술연구협의회(NRC)는 〈원자방사선의 생물학적 영향에 관한 위원회〉를 구성하고, 유전적 영향에 대해 선형무역치 모델을 채택한 『이온화 방사선의 생물학적 효과 보고서』(이하 『BEIR 보고서 I』)을 발표했다. 1960년에는 연방방사선심의회(FRC)가 구성되어 유전적 영향을 고려한 연간 허용 피폭량을 『BEIR 보고서 I』에 기초하여 설정했는데, 평균 생식 연령에 해당하는 30세의 경우 연간 17mSV(당시 사용하던 단위로는 0.17rem)였다.

이후 저선량 방사선이 인체에 끼치는 위험들, 예를 들어 수명 단축이나 백혈병 기타 여러 종류의 암 발생 가능성에 대한 과학적 연구 결과들이 보고되면서, 유전적 영향뿐 아니라 피폭자의 신체에 적용되는 '신체적 효과somatic effect'에도 선형무역치 모델을 적용해야 한다는 주장이 대두되었다. 원자력발전소 건설 붐이 일던 1960년대 후반에 이르면 신체적 효과와 관련한 저선량 방사선 관리기준치가 본격적으로 논의되기 시작한다.

1969년 〈로렌스 방사선 실험실Lawrence Radiation Laboratory〉의 존 고프만John Gofman 박사와 아서 탬플린Arthur Tamplin 박사는 충격적인 연구 결과를 발표했다. 연방정부가 설정한 방사선 허용치에 미국 인구 전체가 노출된다고 가정할 경우 매년 백혈병 환자와 암 환자가 1만6천~3만2천 명가량 추가로 발생하게 된다는 것이었다. 이들은 저선량 방사선의 위험이 지나치게 과소평가되었다고 주장하며, 현재 연방정부의 방사선 허용기준치를 열 배 이상 낮춰야 한다고 제안했다. 이들 주장의 핵심은 아무리 미량의 방사선이어도 암 발병 가능성 같은 신체적 효과를 갖는다는 것이었다.

이러한 주장은 미 전역에 저선량 방사선 위험에 대한 논란을 불러일으켰다. 미국원자력위원회는 가설에 대한 명확한 증거가 없다며 그들의 의견을 기각했지만, 고프만과 탬플린의 계속된 문제 제기는 1972년 미국과학아카데미의 〈원자방사선의 생물학적 영향에 관한 위원회〉로 하여금 "저선량에서의 암 발생 가능성을 강조하는 선형무역치 모델을 거부할 근거가 없다"는 결론을 내리게 했다(『BEIR 보고서 II』). 이후 미국원자력위원회와 국제방사선방호위원회(ICRP) 등은 모두 『BEIR 보고서 II』의 결론을 반영하여 선형무역치 이론과 선형이차곡선 이론을 규제의 기본 모델로 삼았다.

그러나 100mSV 이하의 극저선량에 대처하는 문제는 여전히 불확실한 것으로 남았다. 과학사학자 가브리엘 헤칫Gabrielle Hecht에 따르면, 1950~1970년대에 걸쳐 ICRP는 모든 방사선 피폭 수준이 "합리적으로 성취 가능한 만큼 낮게 유지되어야 한다As Low As Reasonably Achievable"는 'ALARA 원칙'을 확립하고, 이에 기초하여 허용 피폭 한도를 설정할 것을 제안했다.

ICRP는 'ALARA 원칙'이 원자력산업계의 요구—허용 가능한 피폭 기준 확립—에 부응하는 동시에 선형무역치 이론에도 부합한다고 강조(『ICRP 퍼블리케이션 22』, 1973)했지만, 이는 매우 혼란스러운 주장이었다. 현실적인 필요에 의해 일정 수준까지 피폭을 허용하면서, 즉 '역치'를 설정하면서

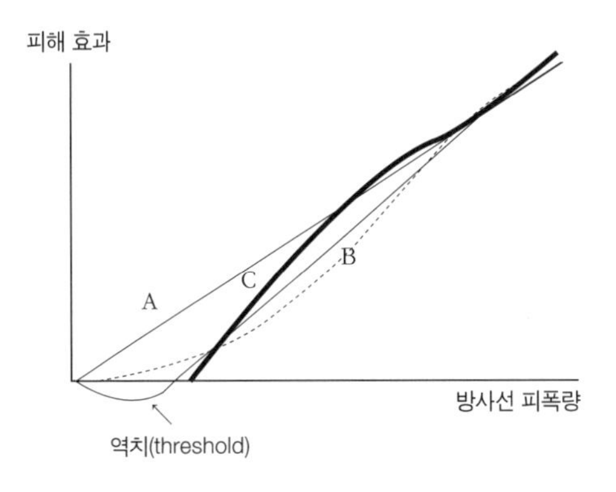

저선량 방사선 피폭에서 암이 발생할 위험의 정도를 평가하는 데 동원되는 여러 종류의 가설들. (A)가 선형무역치 이론이다. (자료: 도경현 (2011)).

역치가 없는 선형무역치 이론을 채택하는 게 과연 가능한가?

결국 ICRP는 노동자의 전신 피폭 한도로 연간 50mSV라는 역치를 설정했다(『ICRP 퍼블리케이션 26』, 1976). 최대한 'ALARA 원칙'에 입각했다고는 하지만, 역치가 없다는 이론적 전제 속에서 역치를 설정하는 일은 언제나 논쟁의 불씨를 안고 있을 수밖에 없었다.

1990년대 들어 저선량 방사선이 오히려 인체 건강에 도움을 줄 수 있다는 '호메시스 효과Hormesis effect'나 그 반대의 함의를 담은 '카우퍼트 효과Caufert effect' 등에 대한 연구들이 보고되면서 상황은 더욱 복잡해졌다. 2011년 3월 11일 일본 후쿠시마에서 일어난 사건은 이처럼 저선량 방사선의 위험에 관한 과학적 불확실성이 증대하는 상황 속에서 일어난 것이었다.

후쿠시마 원전 사고와 저선량 방사선 논란의 재등장

2011년 3월 11일 일본에서 기록상으로 사상 최대인 '규모 9'의 지진이 발생했다. 진앙지는 후쿠시마 다이치 원자력발전소로부터 겨우 180킬로미터 떨어진 곳이었다. 당시 여섯 대의 원자로 가운데 세 대(1~3호기)가 작동 중이었고 두 대는 보수를 위해 정지된 상태, 그리고 4호기에는 연료가 재주입되던 중이었다.

작동 중이던 세 대의 원자로는 지진이 발생했을 때 자동적으로 정지되었지만, 곧 지진이 일으킨 쓰나미가 원자로들을 덮쳤다. 3월 12일 후쿠시마 제1원자력 발전소의 냉각시스템이 고장을 일으켰고, 그 결과 노심 융용이 발생하고 수소 폭발로 격납 용기가 파손되면서 해상과 공기 중으로 방사선이 대량 유출되었다. 이 원전 사고는 '국제 핵 및 방사선 사고 등급(INES)' 가운데 가장 높은 수준인 7등급을 받았다.

후쿠시마 원전 사고를 수습하는 과정에서 일본 정부는 방사선 피폭 관

후쿠시마 다이치 원전 사고 현장(위)과 방사선량 측정 장면(아래)

리기준치를 조정했는데, 이는 저선량 방사선 논쟁을 일본이라는 새로운 무대에서 새로운 형태로 촉발시키는 계기가 되었다.

일본의 법률가 히오키 마사하루에 따르면, 사고 이전 일본의 방사선 피폭 관리기준치는 아래의 표와 같다. 2011년 초까지만 하더라도 직업 피폭의 허용 한도는 연간 50mSV에 5년간 100mSV, 일반인 피폭 허용 한도는 연간 1mSV였다.

대상자	법령	피폭 허용 한도
원자력발전소 노동자	노동안전위생법, 동 시행령, 전리방사선장애방지규칙 제4조	50mSV/1년, 100mSV/5년
일반인	핵원료물질·핵연료물질 및 원자로의 규제에 관한 법률, 동 시행령, 실용발전용 원자로의 설치 운전 등에 관한 규제	1mSV/1년
불특정	방사선장애방지법	1mSV/1년

사고 이전 일본의 법적 방사선 피폭 허용 한도 (자료: 히오키 마사히루, 2013)

후쿠시마 원전 사고 이후 일본 정부는 사고 수습에 투입된 노동자들의 피폭 허용 한도를 5년간 250mSV로 상향 조정하고, 방사선 오염 지역인 후쿠시마 현 어린이들의 피폭 허용 한도를 연간 20mSV로 올림으로써 논란을 촉발시켰다. 문부과학성은 "이번 같은 비상사태가 수습된 후 일반인의 피폭 허용 범위를 연간 1~20mSV 사이로 생각할 수 있다"는 『ICRP 퍼블리케이션 109』의 내용을 참조하여 4월 19일 「후쿠시마 현 내의 학교 교사, 교정 등의 이용 판단에 관한 잠정적 견해에 관하여」란 성명을 내고, 아이들의 피폭 허용 한도로 연간 20mSV를 제시했다.

일본의 여러 시민단체들과 학자들, 그리고 〈사회적 책임을 위한 의사협회(PSR : Physicians for Social Responsibility)〉 같은 국외단체들은 즉시 반대 성명을 내걸었다. 일본의사회는 "ICRP가 참고 차원에서 제시한 수치를 정부가 무분별하게 수용한 처사"라며 비판했고, 해외 전문가들 역시 "일반인들의 안전한 연간 방사선 피폭 수치는 1mSV 이하"라고 주장했다.

결국 문부과학성이 예전처럼 연간 1mSV를 고수하겠다고 입장을 바꾸었지만, 저선량 방사선 위험에 대한 논란은 종결되지 않고 오히려 중요한 쟁점으로 떠올랐다.

저선량 방사선을 둘러싼 지식의 정치

2012년 5월 국제보건기구(WHO)는 도쿄전력과 일본 정부가 제공한 측정 데이터를 바탕으로 인체 위해 정도를 평가한 『2011년 동일본 대지진과 쓰나미 이후 원전 사고에 대한 건강위험평가』를 발간했다. 이 간행물은 유엔방사선영향과학위원회(UNSCEAR)가 그해에 출간한 저선량 방사선 관련 보고서에 기초한 것이었는데, 일본의 '친親정부 과학자'들은 이 연구들이 보여 주듯 후쿠시마 원전 사고 이후 일본인들이 저선량 방사선으로 인해 입을 피해가 미약하다고 주장했다.

반대편에서 시민단체와 대항 전문가들은 보고서가 가진 문제점들을 조목조목 짚으며 저선량 방사선에 대한 일본 정부의 입장을 비판했다. WHO와 UNSCEAR의 보고서를 둘러싸고 벌어진 정부 측 전문가 집단과 대항 전문가 집단 사이의 논쟁을 살펴봄으로써 이들이 각각 어떠한 논리를 사용했는지 검토해 보자.

1. 정부 측 전문가들 : "역학적 증거는 과학적이고 대중들의 공포는 비과학적이다"

과학기술학자 폴 조빈Paul Jobin이 일본의 저선량 방사선 논쟁을 둘러싼 주요 행위자들과 진행한 인터뷰와 그에 대한 분석은 일본 정부 측 전문가들의 입장을 잘 보여 준다.

나가타키 시게노부長滝重信는 2011년 4월 이래 일본 정부에서 임명한 원자력 전문가 그룹의 일원으로, 현재 일본에서 국민건강 보호보다는 산업계와 정부의 이해관계를 우선시하는 이른바 '어용학자'로 낙인찍힌 과학자이다. 그를 비롯한 정부 측 학자들은 연간 100mSV 피폭의 효과가 히로시마·나가사키 원폭 피해자들에 대한 기존의 역학 연구들, 그리고 원전 노동자들의 직업적 피폭에 대한 연구들에 기초해 볼 때 무시해도 좋을 정도이며, 건강에 별다른 위해를 끼치지 않는다고 단언한다.

나가타키는 UNSCEAR 보고서의 열렬한 지지자이다. 그는 히로시마·나가사키 원폭 피해자들에 대한 코호트 연구에 비추어 볼 때 연간 100mSV 이하는 어떠한 결과도 가져오지 않으며, 암 발생율이 규칙적으로 오르지만 매우 미약하다는 보고서의 결론을 거부할 그 어떤 과학적 근거도 없다고 주장한다. 그에 의하면 100mSV 가량을 피폭당한 집단에서 암 발병률은 1%에 불과하다. 따라서 모든 아이들을 후쿠시마 바깥으로 대피시켜야 한다는 반핵운동가 코이데 히로아키小出裕章의 주장은 아무런 과학적 증거도 없는 낭설이라는 것이다.

이에 더해, 그는 ICRP의 권고 기준인 노동자 피폭 한도 연간 50mSV와 일반인 피폭 한도 연간 1mSV조차도 철저한 과학적 증거에 기초해서 제정되지 않았음을 강조한다. 시민단체 활동가들이나 대항 전문가들이 기준치 변경을 문제 삼고 있지만, 100mSV 이하는 무시할 만한 수준이라는 점을 고려할 때 그 범위 안에서의 피폭 한도 변경은 용인할 만하다는 것이다.

나가타키가 볼 때 ICRP의 피폭 한도 권고 기준은 사회적 타협과 사전주의적 원칙 같은 정책적 혹은 정치적 입장의 반영일 뿐 역학적 증거에 기초하여 정해진 게 아니다. 애초에 ICRP의 'ALARA 원칙(방사선 노출은 합리적으로 성취 가능한 만큼 낮게 유지되어야 한다)'은 각국의 정치적·정책적 상황을 반영하자는 취지로 만들어졌다. 이 원칙에 충실할 경우, 후쿠시마 원전 사고와 같은 긴급 상황에서는 '정책적 요소'를 고려해 연간 피폭 한도를 과학적 증거가 제시하는 한도인 100mSV 내에서 충분히 조정할 수 있다.

치바 현에서 저선량 방사선 관련 시민간담회를 열었던 전문가들 역시 같은 의견을 개진했다. 방사선 보호 전문가 히로후미 후지와 동료들은 저선량 방사선 피폭의 위험성을 강조하는 연구들이 분자 수준의 메커니즘만을 탐구했을 뿐 그에 대한 명확한 역학적 증거가 없다며, 이러한 연구들만 갖고서 저선량 방사선이 인체에 위험하다고 주장하는 것은 무리라고 주장했다.

그들은 히로시마·나가사키 원폭 생존자 연구에서 단기간 내 100mSV 이상 피폭된 사람들을 제외하고는 분명한 위험 결과가 보고되지 않았다고 말한다. 그러므로 정부의 안전한 관리기준치를 믿고 따르는 게 합리적임에도 불구하고, 시민들이 1945년의 비극적인 경험 때문에 정부를 믿지 않는다고 지적한다. 자신들처럼 저선량 방사선에 대해 충분한 지식을 갖고 있는 전문가들은 확률적으로 볼 때 원자력보다 자동차 운전이 더 위험하다는 걸 알지만, 그렇지 않은 일반인들은 과학적 근거도 없이 무작정 방사선을 두려워한다는 것이다.

그들이 보기에 시민들의 근거 없는 방사선 공포에 대한 처방은 단 하나, 전문가들이 장기간에 걸쳐 시민들에게 과학 교육을 철저히 시키는 것뿐이다.

ㅎㅎ~
저 100mSV
이하 저선량
방사선 피폭인데
먹어도 될까요?
안될까요? ㅋㅋ

2. 대항 전문가들 및 활동가들 : "임상 연구는 과학적이고 정부 자료는 편향적이다"

대항 전문가들과 활동가들은 전혀 다른 입장을 보인다. 그들은 나가타키가 "약간 편향되었다"라는 이유로 논의에서 제외한 엘리자베스 카디스Elizabeth Cadis와 15개국 과학자들의 「방사선 피폭과 암 발병률 상관관계에 대한 코호트 연구」를 옹호한다. 이 연구에서 카디스와 동료들은, 조사 대상자 40만 명의 피폭량 평균이 연간 19.4mSV에 불과하지만 그들 중 1~2%가 암 발병 위험이 있다고 보고했다.

나가타키는 그 연구에 포함된 캐나다인 집단의 데이터에서 암 발병율이 과장되었다는 일각의 비판을 언급한 바 있다. 하지만 저자인 카디스와 일본의 대항 전문가들은 그 '비판자'들이 저선량 방사선의 위험성을 부인하는 UNSCEAR에서 근무했거나 캐나다 원전산업에 고용된 친親원전 전문가, 혹은 '청부과학자'였다고 반박한다. 또한, 연간 20mSV 이상 노출된 성인의 암 발병 확률이 더 높고 아이들의 경우 세 배나 높아진다는 사실은—후쿠시마에서 이미 노출된 인원과 앞으로 늘어날 숫자를 고려할 때— 나가타키가 말하듯 사소하거나 무시할 만한 사항이 결코 아님을 강조한다.

대항 전문가들과 활동가들은 현존하는 과학적 데이터의 편향에 대해서도 지적한다. 예를 들어 일본의 한 환경단체는 2012년 10월과 11월 그리고 2013년 1월까지 3회에 걸쳐 후쿠이치 지역 방사선 계측을 직접 실시한 결과, 정부가 연간 1mSV 이하라고 발표한 지역에서 이를 초과하는 공간선량이 계측되었다고 발표했다. 활동가 유코 고바야시는 특히 산간지역에서 더 높은 수치가 계측되었기 때문에 해당 지역 주민들을 즉시 대피시켜야 한다고 주장했다.

히오키 마사히루는 정부의 방사선 감시측정소가 갖는 내재적 한계를 지적했다. 일본 정부는 각 도도부현都道府県에 방사선의 공간선량을 측정하기 위한 감시측정소들을 설치했는데, 대기권 내 핵실험의 영향을 조사하는 것이 목표였기에 설치 장소가 대부분 빌딩 옥상이었다. 도쿄 도의 경우는 지상 20미터 지점이다. 원전 사고 이후 대량으로 방출된 방사성 물질들은 지표면에 침착되었으므로 가급적 낮은 곳에서 공간선량을 측정해야 했으나, 20미터 상공에 있는 도쿄 감시측정소는 사고 1개월 후 방사선 수치가 정상으로 되돌아왔다고 보고했을 뿐이다. 하지만 지면 가까이에서 측정을 실시한 시민단체들은 정부가 제시한 것보다 훨씬 높은 계측값을 얻었다.

활동가들은 방사선 측정을 위한 구획 방식에 대해서도 문제를 제기했다. 면밀하게 지형을 반영한 측정을 실시할 경우 공간선량은 정부 측 데이터보다 훨씬 높게 나타난다. 군마 대학의 지진학자 하야카와 유키오는 활동가들과 시민들의 계측 데이터를 바탕으로 정부의 입장을 논박하는 방사선 오염 지도를 만들어 공개하기도 했다.

반핵 그룹인 〈사회적 책임을 위한 의사협회(PSR)〉와 기타 대항 전문가들 역시 "저선량 방사선이 큰 위협이 되지 않는다"는 2012년 WHO 보고서와 2013년 UNSCEAR 성명이 중립적이지 않은 데이터들을 사용했다고 논박했다. 데이터의 출처는 일본원자력위원회(JAEA)인데, 이 기구는 원전 기업들과 부적절한 이해관계를 맺었다는 사실이 적발되어 비판받은 전력이 있다. 한편 UNSCEAR은 음식물 섭취로 인한 '내부 피폭internal exposure' 연구에 국제원자력위원회(IAEA)의 데이터만을 사용했는데, IAEA는 원자력 기술 사용을 증진하려는 목적을 가진 단체이므로 많든 적든 편향성을 가질 수밖에 없다.

PSR은 이외에도 여러 측면에서 WHO 보고서의 문제점을 지적했다. 조사 과정에서 전신 방사선 측정기만 사용한 것, 저선량 방사선 피폭 노동자 관련 데이터(도쿄전력 제공)의 부정확함, 태아의 경우 위험도가 더 높다는 사실을 고려하지 않고 1세 아동의 범주에 포함시킨 점, 장기간의 저선량 방사선 노출이 문제가 되는 원전 사고에 대한 위험평가임에도 불구하고 대량의 방사선 노출이 진행된 원폭 낙진 자료만을 사용하는 것 등등. 그중에서도 핵심은 왜 히로시마·나가사키 원폭 낙진의 영향에 대한 연구들만을 참고하느냐는 것인데, 이는 역학적 연구를 더 중요한 과학적 증거로 보는 입장에 대한 문제 제기라고 할 수 있다.

과학기술학자 쉴라 자사노프는 과학 논쟁에서 벌어지는 주된 충돌 가운데 하나가 역학적epidemiological 시선과 임상적clinical 시선 사이의 대립이라고 말한다. 원전 사고 이후 일본에서의 논쟁 역시 마찬가지다. 정부 측 전문가들과 그들이 의존하는 UNSCEAR가 역학적 연구에 '중요한 과학적 증거'라는 지위를 부여하고 그 외의 연구들은 낮게 평가하는 반면, PSR을 비롯한 대항 전문가와 시민단체들은 역학 연구에서 배제된 개별적이고 특수한 것들, 그리고 불확실성들을 과학적 쟁점으로 끌고 들어온다. 이를테면 식품에 의한 내부 피폭 평가와 관련해 정부 측 전문가들이 간과한 구체적인 특성들 — 후쿠시마 지역의 자급자족 문화 등 — 을 지적한다.

또한 역학적 시선에서 볼 때 0.01%라는 사소한 수치에 불과한 암 발병 환자들의 임상적 개별 사례 하나하나가 중요하다고 강조한다.

> 상대적으로 높은 일본의 암 유병률과 비교해 보면 후쿠시마 원전 사고로 인해 발생하는 암 발생률은 확실히 사소한 것처럼 보일지 모른다. 그러나 개인의 관점에서 본다면, 암 발병 사례 하나하나가 너무나 많은 것이며, 의사인 우리들은 암이란 질환이 가족 전체의 삶뿐만 아니라 그의 신체적, 정신적 건강에 끼치는 비극적인 결과를 잘 알고 있다.
> 수천이 넘는 가족들이 후쿠시마 원전 사고로 인해 겪을 끔찍한 재난을 단순히 통계적 문제로 환원하거나, 개인들의 고통을 '피폭 집단에서 방사선 관련 건강 영향과 관련해 눈에 띌 만한 (위험의) 증가는 없을 것으로 예측된다'라는 문장으로 대신하는 것은 너무나 냉소적이다.
> — PSR 성명서 중

이에 더해, 사고가 발생한 후에야 데이터를 획득할 수 있는 역학적 증거를 독성학 연구나 동물 연구보다 더 확실한 과학적 증거로 여기는 것을 비판한다. 역학적 증거를 우선시하는 바로 그런 관점 때문에 WHO가 히로시마·나가사키 원폭 낙진에서 획득한 데이터를 그와 전혀 다른 상황인 후쿠시마 원전 사고의 위험평가에 사용했던 것이고, 대항 전문가들의 비판 또한 거기에 초점이 맞춰져 있었던 것이다.

3. 역학적 시선 vs 임상적 시선 : 과학과 정치의 경계 작업

논쟁 쌍방의 주장과 활동을 검토해 본 결과 다음과 같은 두 가지 특징이 분명하게 드러난다. 첫째, 양쪽 모두 자신들의 주장에만 '과학적'이란 단어를 붙이고 상대방의 주장은 '비과학적' 혹은 '정치적 동기에서 비롯된 왜곡'으로 치부한다는 점이다. 둘째, 이러한 태도는 과학지식에 대한 몰이해에서 나온 것이 아니라 서로 다른 학문 분과 혹은 상이한 제도적 상황에서 기인한 '다른 종류의 합리성'에서 비롯되었다는 점이다.

이쪽은 과학적이고 저쪽은 비과학적이라는 주장은 쉴라 자사노프가 독성 화학물질에 대한 규제를 둘러싼 과학 논쟁을 탐구하며 언급했던 '경계 작업boundary work'에 해당한다(이 책 21쪽 참조). 자사노프에 따르면 논쟁 당사자들은 각자 추구하는 목표와 이해관계에 따라 '불확실성'을 전혀 다르게 기술하는데, 이는 일본의 저선량 방사선 논쟁에서도 동일하게 나타난다.

정부 측 전문가들은 100mSV 이하 저선량 방사선 피폭과 관련한 위험의 불확실성들을 지워 버리고, 그 위험에 대한 우려를 '비과학적 공포'로 치부한다. 그리고 시민단체들이 중시하는 기존의 법적 기준, 즉 '연간 1mSV'가 정치적 혹은 정책적 이유로 정해진 것일 뿐 온전히 과학적인 이유로 설정된 것이 아님을 강조한다. 더 나아가, 저선량 방사선 위험을 강조하는 연구들의 방법론적 결함과 정치적 편향성을 지적한다.

반대로 대항 전문가들은 100mSV의 방사선이 인체에 끼치는 위험의 불확실성을 부각시키고, 정부와 도쿄전력 또는 IAEA의 데이터에 정치적 의도가 담겨 있다고 지적한다. 이들은 저선량 방사선의 위험성을 축소하거나 무시하는 연구들의 방법론을 비판하고, 해당 연구자(또는 기관)의 정치적 이해관계를 문제 삼는다.

이렇듯 양측은 자신의 주장에는 과학과 공정성이라는 이름을, 상대방의 주장에는 비과학과 정치적 편향이라는 이름을 붙이는 경계 작업을 펼친다. 그 과정에서 이런저런 불확실성들을 의도적으로 강조하기도 하고 숨기기도 한다. 이는 개별 임상 사례들의 중요성을 강조하며 독성학이나 동물 연구에 과학적 증거의 지위를 부여하는 대항 전문가들과, 역학 연구를 중시하며 거기에 더 높은 과학적 지위를 부여하는 정부 측 과학자들 사이의 대립이다. 즉, 임상적 시선과 역학적 시선이라는 서로 다른 종류의 합리성을 견지하는 데서 비롯된 대립이다.

〔참고〕

한국의 원전 안전 정책의 역사와 고려되지 않는 위험들

2000년대 초반, 기후변화에 대한 문제의식이 확산되는 가운데 일부 과학자들이 기후변화의 해결책으로 원자력발전 확대를 주장하고 원자력산업계가 이에 호응하여 원자력 홍보에 힘쓰면서 지구 전역에서 이른바 '원자력 르네상스'가 일어났다. 한국과 일본을 포함한 여러 국가들이 기후변화의 대안이라는 논리를 등에 업고 원자력발전소 확대를 추진했고, 일찍이 원자력 포기를 선언했던 유럽 국가들 또한 원자력발전을 재개하거나 폐쇄하기로 했던 원전들의 수명을 연장하려는 움직임을 보였다.

2011년 3월 11일 후쿠시마 원전 사고는 이러한 흐름에 찬물을 끼얹은 사건이었다. 완전한 기술적 안전을 주장하던 도쿄전력의 안전 시스템은 여지없이 무너져 내렸고, 이를 지켜본 독일과 스위스 등은 즉각적으로 원자력발전소 폐쇄 절차에 돌입했다. 일본 역시 2013년부터 48개 원전의 가동을 중지시켰다.*

이 같은 국제적 흐름 속에서도 중국, 인도, 한국은 — 놀랍게도! — 여전히 원자력발전 확대 정책으로 일관하고 있다. 한국의 경우 원자력 안전규제를 독립적으로 담당하는 〈원자력안전위원회〉를 대통령 직속기구로 새로이 설치(2011)하긴 했지만 정책의 기조는 전혀 바뀌지 않았다. 같은 해 유엔총회에서 이명박 전 대통령은 "후쿠시마 원전 사고가 원자력을 포기할 이유가 되어서는 안 된다. 오히려 과학적 근거를 바탕으로 보다 안전하게 이용할 수 있는 방법을 모색할 때"라고 강조하며, 저탄소 녹색성장 정책의 일환으로 원

* 일본의 '원전 제로 정책'은 2014년 4월 아베 내각과 자민당에 의해 폐기되었다. 원전 20기에 대한 안전성 검사 이후 재가동을 추진한다는 게 일본 정부의 입장이다. 이에 대해 일본 국내외에서 엄청난 비판이 이어지고 있다.

1978년 고리1호기 준공식 장면

자력발전 신규 건설 입장을 고수했다. 이는 현 정부에서도 유지되는 일관된 기조이다.

이러한 한국 정부의 입장이 추후 어떤 문제들을 야기할 수 있는지 이해하려면 한국의 원자력 안전규제 정책이 형성된 역사적 과정, 그리고 원자력발전과 관련해 한국에서 발생할 수 있는 위험의 가능성들을 살펴보는 것이 필요하다.

과학기술학자 박진희는 한국의 원자력 안전 정책이 대형 원전 사고들에 대한 국제적 반향과 시민사회의 탈핵운동 흐름이라는 이중주, 그리고 이에 대한 정부의 대응 과정을 통해 만들어진 산물이라고 진단한다.

한국에서 원자력발전소 건설이 시작된 것은 1970년대 후반이었다. 1978년 7월 20일에 첫 원전인 고리1호기의 준공식이 열렸는데, 당시만 해도 원전 사고 발생가능성을 염두에 둔 안전 대책은 전혀 논의되지도, 고려되지도 않았다.

'원자력 안전'이라는 개념이 생겨난 것은 1979년 미국 스리마일three mile island에서 초대형 원전 사고가 일어난 데 이어, 국내에서 고리1호기 격납고의 방사능 물질 누출 사고를 은폐하려는 동력자원부와 한전의 시도가 발각되면서 안전을 요구하는 여론이 형성되었기 때문이다. 이에 대응하여 정부는 원자력 안전규제 전담기구인 〈원자력안전센터〉를 설치하고, 법 개정을 통해 「원자력법」에 안전 관련 사항들을 포함시켰다.

1990년대 들어 정부가 "방사선 재해로부터 국민의 생명과 건강을 보호하고 자연환경을 보호"하겠다는 내용의 원자력 안전 정책 성명을 발표하고 '원자력 안전규제 종합계획'을 수립한 것 또한 나라 안팎의 상황을 반영한 것이었다. 1986년에 체르노빌에서 사상 최악의 원전 사고가 일어났고 국내에서도 원전 관련 이슈들—1987년 영광 원전 인근 주민들의 온배수로 인한 피해보상 촉구, 1989년 영광 원전 노동자의 무뇌아 사산 사건 등—이 연거푸 터지면서 시민사회의 반핵운동이 거세게 일어났다.

1996~1998년엔 월성과 울진 원전 주변 축산 농가에서 기형 송아지들이 잇따라 태어나면서 원전에 대한 대중적 경각심이 더욱 확산되었다. 유혈사태로까지 이어졌던 2003년 부안의 방폐장(저준위 방사성 폐기물 처분장) 유치 반대 운동은 그런 흐름의 정점에 해당하는 사건이었다. 부안 사태 이후 시민사회에선 기존의 반핵을 뛰어넘어 모든 형태의 원자력에 반대하는 '탈핵운동'이 차츰 영역을 넓혀 가기 시작했다.

2011년 7월에 「원자력안전법」이 제정된 것이나 원자력 진흥 업무를 배제하고 안전규제만을 전적으로 담당하는 〈원자력안전위원회〉가 설치된 것 역시 그해 3월 11일의 후쿠시마 원전 사고와 그에 뒤이은 대중적 탈핵운동에 대한 대처였다.

박진희는 한국 정부의 안전 정책이 지난 30여 년간 어느 정도 발전을 이루었다고 평가할 수 있긴 하지만, 이 모든 것들이 원자력발전의 진흥이라는 전제 하에 이루어져 왔다는 점에서 근본적인 한계를 갖는다고 지적한다. 예를 들어 2000년대 이후 진행된 원전 안전규제 제도 정비는 원전 사고의 위험을 줄이려는 목적보다는 원전 수출 확대를 위해 안전규제를 국제적 수준으로 끌어올리는 차원에서 진행된 것이었다.

2003년 부안 방폐장 유치 반대 시위 (위)
한국 정부가 원전 신규 건설 입장을 고수하는 가운데,
이에 반대하는 시민사회의 탈핵운동도 날로 확대되고 있다. (아래)

안전규제를 위해 신설된 〈원자력안전위원회〉는 원자력 진흥과 관련된 인사들로 구성되어 설립 취지가 무색해졌고, 그나마도 적절한 예산과 인력이 부여되지 않아 감독 및 규제 기능을 제대로 수행하지 못했다. 2012년의 고리 1호기 정전 은폐 사건, 품질검증서와 시험성적서 위조 사건 등이 안전 감독에 의해서가 아니라 우연한 제보를 통해 드러났다는 것은, 이 위원회의 설치 목적이 안전보다는 진흥의 정당화에 놓여 있음을 잘 보여 준다.

반복되는 국제적 사고들 가운데서도 30년 넘게 이어져 온 한국 정부의 원전 진흥 정책은 크게 두 개의 뿌리를 갖고 있다. 하나는 원전 사고 발생 확률이 극히 낮다는 '과학적 증거'들에 대한 신뢰이고, 다른 하나는 원전 위험 문제를 경제적 손익의 문제로 치환하는 태도이다. 한국의 원전은 기술적으로 훨씬 완벽하고, 한국의 지리적 위치상 후쿠시마와 같은 자연재해를 겪게 될 확률은 극도로 낮으며, 설령 위험이 존재하더라도 막상 원전을 폐쇄하면 극심한 전력 부족에 시달릴 우려가 있다는 것이다.

과학사학자이자 반핵운동가인 이필렬은 이러한 주장이 다음과 같은 위험들을 무시하고 있다고 비판한다. 첫째, 기술적 우월성과 무관하게 원전 안전 시스템의 복잡성 때문에 사고 발생 가능성은 늘 존재한다. 둘째, 자연재해로부터 비교적 안전하다고 하더라도 다양한 인위적 사고들—부품 결함, 노동자들의 실수, 북한의 국지적 도발 등—에 상시적으로 노출되어 있다.

실제로 대규모 사태로 이어질 수 있는 원전 사고가 그 동안 여러 차례 발생한 바 있다. 1984년 월성1호기 중수 누출 사고, 1996년 영광2호기의 냉각수 누출 사고, 2002년 울진 원자로 냉각수 누출 사고, 2011년 고리 원전 전기 공급 중단 사고 등이 그 예이다.

1975년 미국 MIT의 노먼 라스무센 연구팀은 「원자로 안전성에 관한 연구 보고서WASH-1400」에서 원자로 1기당 2만 년에 한 번 꼴로 사고가 일어난다고 계산했지만 이필렬은 스리마일, 체르노빌, 후쿠시마 사고와 2006년 스웨덴 포스마크 원전 전원공급 중단 사고를 포함할 경우 사고 확률이 5천 년에

1회 정도로 상승한다고 말한다. 이 수치를 원자로 21기가 가동 중인 한국에 적용하면 250년에 1회가 되고, 일본과 중국을 포함해 원자로 100여 기가 가동 중인 동아시아에서 원전 사고가 발생할 확률은 50년에 1회로 현격히 높아지게 된다.

이필렬이 볼 때 현재 동아시아에 거주하는 사람들은 원전 사고 위험에 무방비로 노출된 채 살아가는 것이나 다름없다. 한·중·일 삼국이 쏟아내는 사용 후 핵연료에서 방사능이 누출될 가능성까지 포함하면 위험은 더더욱 증가한다.*

* 2015년 6월, 한국수력원자력(주)이 한국 최초의 원전인 고리1호기의 수명 연장 신청을 하지 않기로 최종 결정했다. 이는 고리1호기 영구 정지를 요구했던 지역사회 주민들의 값진 승리이며 한국 탈핵운동의 소중한 성과이지만 정지(2017) 이후에도 갈 길은 멀다. 원전의 폐로에만 약 20년, 주위 토양 복원엔 수십 년이 걸릴 것으로 예상되며 비용 또한 1기당 최소 수천억 원이 들기 때문이다. 사용 후 핵연료의 방사능이 천연 우라늄 수준으로 감소하는 데엔 무려 30만 년이 걸리며, 이 고준위 방사성 폐기물을 영구 매립할 저장고는 지구에 아직 단 한 곳도 없다. 원전을 가리켜 '쉽게 꺼지지 않는 불'이라고 부르는 건 이런 이유에서다.

소결

경계 작업과 '서로 다른 합리성'

이 장에서 우리는 일본의 저선량 방사선 위험 논쟁을 중심으로, 각 논쟁 주체들이 어떻게 과학과 정치의 경계 작업을 벌이고 서로 다른 합리성에 따라 과학적 문제와 불확실성을 읽어 내는지 확인했다.

'용의자 X론'은 이런 문제를 다룰 때 '확실한 과학적 전문성 vs 근거 없는 공포에 휩싸인 대중' 혹은 '시민들의 집단지성collective intelligence vs 정부와 원전산업계의 의도적 왜곡'이라는 이분법적 구도를 견지한다. 이러한 구도는 실제로도 적절할 때가 많으며 부당한 정치적 압력에 맞서는 중요한 동인이 되기도 하지만, 그럼에도 현대과학의 논쟁을 이해하기 위한 종합적인 분석 틀로는 적합하지 않다.

언던 사이언스의 관점은—적어도 분석적 판단의 차원에서는—상대방의 주장에 '정치적 왜곡' 혹은 '비과학'이라는 이름을 덧씌우는 것을 액면 그대로 받아들이거나 자신들의 과학성을 강조하는 것을 굳건하게 믿기보다는, 양측의 그런 행위들을 과학 논쟁에서 승리하기 위해 펼치는 일종의 경계 작업으로 파악하는 것이 합리적 태도임을 보여 준다.

이렇게 판단을 잠시 유보한 상태에서 저선량 방사선 논쟁의 논점들을 면밀히 검토할 경우, 우리는 임상적 시선과 역학적 시선이라는 합리성의 차이를 발견하게 된다. 그리고 왜 정부 측 과학자들이 반대편에서 과학적 증거라고 여기는 연구들을 무시하는지, 왜 대항 전문가들이 역학 연구를 중시하는 반대편 과학자들을 잘못되었다고 생각하는지를 보다 확실하게 이해할 수 있다.

분명한 점은, 저선량 방사선 피폭이 인체에 미치는 위험에 대해 불확실성이 존재한다는 사실이다. 100mSV 이하면 안전하다는 정부 측 주장은 이 불확실성이 별 문제가 안 될 만큼 사소하다고 보는 데서 비롯된 것이고, 그게 위험하다는 시민단체들의 주장은 이 불확실성이 반드시 검토되고 확인되어야 할 주제라고 보는 데서 비롯된 것이다.

하지만 정답이 불확실하다고 해서 문제 해결의 우선순위까지 불확실한 건 아니다. 한쪽이 과학적 거짓말을 한다고 성급하게 주장하기에 앞서, 언던 사이언스의 관점은 역학적 시선과 임상적 시선 가운데 과연 무엇이 이 사례와 관련하여 더 적절한지 질문할 것을 우리에게 요구한다. 천상의 과학적 진실을 좇는 것보다 중요한 건 지상의 위험을 줄여 나가는 것이며, 영화와 달리 현실의 문제들은 용의자 X를 찾아내는 것만으로는 해결되지 않기 때문이다.

에필로그

언던 사이언스가 말해 주는 것들

결코 짧지 않았던 여정을 마무리 지을 시간이다. 19세기 말부터 21세기라는 긴 시간 동안 구미와 아시아 각국의 사건 현장들을 숨 가쁘게 오가며 실제 현실의 실천적 활동으로서의 과학의 면면을 살펴보았는데, 과연 그것은 우리에게 무엇을 가져다주었는가?

1부에서 우리는 여성 차별, 장애인 차별, 인종차별과 당대의 과학이 직교하는 역사적 순간들을 살펴보았다. 얼핏 '용의자 X론'의 전형처럼 보이는 이 사례들은 과학과 사회·정치·문화가 단절되지 않고 긴밀히 얽혀 있음을 보여 주며, 과학을 사회 속 다양한 인간 활동들 중 일부로 보아야 할 필요성을 드러냈다.

여성에 대한 19세기의 관념들은 여성에 대한 생물학적 연구와 담론의 토대가 되었다. 이러한 담론들은 정치 영역에서 여성의 참정권을 거부하는 데 동원되었을 뿐 아니라, 의학 영역에서도 난소적출술을 포함한 여러 문제적 개입으로 이어졌다. 독일에서는 나치 집권 이전부터 인간의 생명이 경제적 손익으로 환산되었고, 이러한 프레임 속에서 만들어진 과학적·

의학적 지식들은 장애인을 '쓸모없는 입'으로 만들었으며, 나치라는 정치적 힘은 장애인들에 대한 끔찍한 대량 학살을 이끌었다.

19세기 말~20세기 초에 걸쳐 황인종—몽골인종에 대한 과학적·의학적 연구가 인종 간 위계에 대한 당대의 사회적 관념 속에서 만들어졌으며, 바로 이 프레임 아래서 조선인종에 대한 연구가 일본제국 과학자들에 의해 이루어졌다. '일선동조론'과 '인종적 위계'라는 두 사회문화적 전제의 충돌 속에서 연구를 진행하던 일본의 과학자들은 인종주의적 편견에서 벗어난 '중립적 연구'를 꾀했지만, 결과적으로는 양국의 인종적 동일성과 조선인의 열등성에 대한 모순적인 지식들을 생산했다.

2부에서는 '용의자 X론'과 언던 사이언스의 관점을 대조하고, 후자의 눈으로 현대과학 현장의 면면을 살펴보며 그 사고법을 익혔다. 인종과 젠더의 문제, 생명윤리와 가축전염병 예방 같은 주제들을 통해 우리는 현대과학 역시 정치적·문화적·사회적·경제적 활동들과 분리 불가능하게 얽혀 있으며, 이러한 상황에서 '과학적'으로 보이는 문제와 쟁점들은 사실 정치적·사회적으로 토의되어야 할 주제들이고 그중 상당수는 과학적으로 분명하게 진실 여부를 가르기 어렵다는 것을 확인했다.

우선 현대 유전체학의 시대에 '인종'이라는 개념은, 그것을 단지 사회적 편견의 산물로만 보거나 혹은 엄밀한 과학적 실재로 보는 '용의자 X론'의 이분법적 관점으로는 제대로 설명될 수도 이해될 수도 없음을 확인했다. 그리고 2001년 영국에서의 구제역 살처분 정책에 대한 고찰을 통해, 그것이 무조건 비과학적이고 비합리적인 결정이었던 게 아니라 상충하는 두 과학적 모델의 대립 가운데 특정한 '공공선'만이 반영된 결과임을 확인했다. 더불어, 신자유주의가 국제보건 영역에 끼치는 영향을 정확하게 이해하려면 과학만큼이나 윤리 또한 '보편적'이거나 '객관적'인 것으로 사유될 수 없음을 인식하고 둘 모두를 맥락화하여 살펴야 한다는 것을 알게 되었다.

마지막으로 20세기 후반부터 격렬하게 진행된 미국에서의 유방암 관련 여성건강운동을 통해, 이에 관한 과학적 연구가 여성들의 정치적 활동과 긴밀하게 연관되어 있을 뿐만 아니라 지금껏 배제되어 왔던 새로운 지식 생산에 기여하기도 했지만, 동시에 '수행되지 않은 과학'의 영역 또한 남겨둔 것을 확인할 수 있었다.

마지막 3부에서 우리는 대만과 일본 그리고 한국에서 벌어지고 있는 과학 논쟁들을 언던 사이언스의 관점에서 검토했다. 비록—우리 스스로 선악 이분법을 폐기한 탓에—용의자 X들을 즉시 찾아내 명쾌하게 단죄할 기회는 잃었지만, 그 대신 과학과 정치가 뒤얽힌 동아시아의 사건 현장들을 둘러보며 한층 더 메타meta적인 입장에서 문제들을 파악하고 비판할 수 있게 되었다.

2000년대 후반 한국과 대만에서는 식품안전과 관련하여 미국산 소고기 수입 반대 운동이 거세게 일어났다. 그 속에서 우리는 과학과 정치의 경계 작업이 진행되는 방식, 거대한 과학 논쟁의 기저에 깔린 국제과학기구들의 정치성, 그리고 OIE 주도의 위험평가 체계가 배제하고 있는 위험들에 대해 고찰했다. 두 나라에서 같은 시기에 진행된 RCA와 삼성반도체 노동자들의 직업병 관련 투쟁을 비교한 장에서는, 각국에서 배제되고 수행되지 않은 과학을 단순히 '시민과학 vs 주류과학'의 구도로만 설명할 수는 없음을 확인했다.

마지막으로 저선량 전리방사선 위험성에 대한 일본 사회의 지식 논쟁을 탐구하면서 우리는 시민단체와 대항 전문가들, 그리고 일본 정부와 친원자력 전문가들이 '임상적 시선'과 '역학적 시선'이라는 서로 다른 합리성에 바탕하고 있으며, 그로 인해 위험에 관한 과학적 불확실성이 서로 다른 형태로 반영된다는 것을 이해하게 되었다.

이렇게 굵직한 이야기들을 읽고 나서 어렴풋하게나마 새로운 단상을 얻은 독자들도 있겠지만, 적잖은 시간을 들인 독서에서 확실하게 얻은 게 없다고 불만스러워하는 독자들도 분명 있을 것이다. 책장을 덮기 전에, 언던 사이언스의 눈으로 현대과학의 문제들을 살펴보며 얻은 교훈들을 간략히 정리해 보자.

1. 과학—그중에서도 인간을 다루는 생물학과 생의학, 그리고 정책 집행과 긴밀하게 결합된 규제과학—은 결코 가치중립적이지 않다.

유방암 발병 원인 연구, 인종에 대한 유전체학 연구와 활용, 임상시험을 통제하는 생명윤리 정책들과 소외질병 연구, 구제역·광우병·락토파민 규제 정책에 동원되는 과학들, 원전이나 반도체공장의 산업재해와 관련된 생물학적 연구 및 규제과학들에서, 우리는 러셀이 상상한 고결하고 순수한 과학 대신 여러 인간 집단들의 가치와 행위들이 충돌하는 뒤얽힌 과학 활동을 발견했다.

"과학은 가치중립적이지 않다"는 진술은 종종 "과학적 진리란 존재하지 않는다"는 상대주의적 입장과 혼동되곤 한다. 분명히 짚고 넘어가자. 과학적 진리가 없다는 것이 아니라 현대의 과학 활동, 특히 앞서 언급한 생명의학과 규제과학 등의 활동에서는 과학적 진리만을 순수하게 뽑아내는 것이 불가능함을 지적하는 것이다.

과학 활동은 사회 바깥이 아니라 사회 속에서 이루어지고 정치적·문화적·사회적 맥락들이 과학지식 생산과 긴밀하게 얽혀 있기 때문에, 뭔가 정제되고 독립적이며 순수한 과학적 진리만을 따로 솎아내는 일은 사실상 불가능하다. 설령 가능하다 해도, 해당 과학 활동과 얽힌 복잡한 현실적 문제들을 이해하는 데에는 크게 도움이 되지 않는다.

2. 과학과 비과학의 경계 작업에 주목해야 한다.

무엇이 과학적이고 무엇이 정치적인지에 관한 구별은 사실 정치적 투쟁의 결과로 '정해지는' 것이다. 과학 논쟁에서 어느 한쪽만이 전적으로 옳은 경우는 극히 드물며, 양측 모두 나름의 근거를 지닌 과학적 주장들을 펴는 경우가 대부분이다. 그중 하나가 기각되는 것은 과학적 참/거짓 판단에 의해서만 이루어지는 게 아니다. 저선량 방사선의 안전성 논쟁을 예로 들면, '안전'을 어떻게 정의할 것인가와 같은 사회정치적 가치 판단이 반드시 수반된다.

논쟁의 대상이 되는 과학적 문제들은 과학공동체 내에서도 논란 중인 경우가 많다. 이 경우 과학공동체는 해당 문제에 대한 '명백한' 사실만을 제공하기보다는 특정 진영에 가세하여 사회정치적 논쟁의 행위자로 기능하는 경우가 허다하다. RCA와 삼성의 직업병 관련 논쟁이나 일본의 저선량 방사선 위험 논쟁에서 확인했듯이, 일부 과학자들은 '의도적'으로 기업이나 정부 같은 특정 이해당사자의 입장을 지지하는 모습을 보인다. 이때의 전략은 과학적 불확실성을 자신들이 지지하는 입장에 유리한 방향으로 '해석'하는 것이다.

이런 상황에서 올바른 판단을 하려면 무엇이 더 과학적이고 무엇이 더 비과학적이며 정치적인지를 구별하기에 앞서, 각 논쟁 집단들이 자신들의 주장 속에 무엇을 깔고 있고 상대방의 주장에서 무엇을 배제하는지 면밀하게 살펴볼 필요가 있다. 가령 일본의 저선량 방사선 논쟁에서 정부 측이 '안전'을 주장할 때 깔린 역학적 시선은, 임상적 시선에서 볼 때 드러나는 개인들의 건강 위험과 관련된 과학적 불확실성을 배제한다.

우리가 일차적으로 물어야 할 것은 과학적 진실 여부가 아니라, 그 진실에 다가가는 과정에서 발생하는 이러한 배제가 사회적·도덕적·정치적으로 과연 온당한가에 대한 질문이다.

과학,
비과학
논하기 전에
할 일이 있을 텐데?

야이
비과학
내가
더 과학
적이라
고라!

3. 배제된 지식과 방법론 그리고 목소리들에 주목해야 한다.

우리는 미국의 유방암 페미니스트들과 영국 구제역 사태 당시의 지방 농장주들, 대만 RCA 투쟁에서의 대항 전문가들, 그리고 후쿠시마 원전 사고 이후 일본 반핵운동가들에게서 주류 과학계와 정부 주도의 규제 정책에서는 보지 못하는 위험과 문제, 그리고 이해관계들을 포착하는 대안적 시선과 힘을 목격했다. 바로 이런 이유 때문에 과학기술학자 데이비드 헤스가 '시민참여연구civil society reaserch'를, 그리고 앨런 어윈이 '시민과학citizen science'이라는 용어를 통해 과학공동체 바깥에서 활동하는 시민들의 지식 생산에 주목하길 요청했던 것이다.

'시민과학'의 힘을 보여 주는 사례는 국내에도 상당히 많다. 1997년 시민단체인 〈참여연대〉 내부의 '과학기술의 민주화를 위한 모임'으로 시작하여 1999년 12월 재정비된 〈시민과학센터〉는 과학과 과학기술학의 전문성을 갖춘 연구원들로 구성되어 있다. 이들은 합의회의를 포함한 시민참여제도 도입을 구상하고, 생명공학 관련 시민감시운동을 전개했을 뿐 아니라, 황우석 줄기세포 논문 조작 사건이나 광우병 사태에서 중요한 역할을 담당하며 생명윤리법 제정에 기여했다. 시민과학센터는 지금도 다양한 방법으로 시민참여를 통한 과학기술학적 논의를 이끌고 있다.

1993년 환경운동연합과 함께 설립된 〈시민환경연구소〉는 시민환경조사단을 꾸려 현장 조사를 실시하는 등의 활동을 통해 석면 공해, 전자파 공해, 구제역과 4대강 문제 등에 적극적으로 대처해 왔다. 이를 통해 정부나 기업들의 환경오염 관련 연구에서는 드러나지 않았던 문제들을 가시화하고 사회적 의제로 부상시키는 데 결정적 역할을 수행하고 있다. 또한 가습기 살균제 피해, 초미세먼지 대기오염, 시멘트산업 공해 피해, 방사능 안전, 식품안전운동, 간접흡연 공해 등 다양한 영역에서 환경 위해에 관한 새로운 이해와 지식들을—중심부 과학과는 다른 관점에서—제공하고 있다.

그 밖에도 일일이 언급할 수 없을 만큼 많은 활동가들과 시민들이 산업재해, 생명공학, 환경문제 및 각종 규제과학의 현장을 누비며 문제 제기와 지식 창출에 기여하고 있다.

그러나 다른 한편에서 우리는, '시민'의 이름으로 주장되는 것을 무조건 진리로 승인하는 태도 또한 경계해야 한다. 한국의 광우병 촛불시위나 일본의 저선량 방사선 논쟁 당시 양국 시민들이 위험론을 펼치며 집결한 것에 대해 일각에서 '집단지성collective intelligence'이라는 이름을 붙이고 무조건적으로 긍정하는 경향이 있는데, 이는 사실 '용의자 X론'의 새로운 버전에 다름 아니다. 미국의 유방암 연구 과정을 되짚어 보라. 다양한 시민단체들이 전통적인 과학공동체와는 다른 대안적 연구 방향을 제시했지만, 동시에 그들 역시 각기 다른 종류의 언던 사이언스를 만들어 내지 않았던가.

배제된 합리성과 지식들을 드러내는 것은 중요하다. 하지만 오직 그것만이 확고부동한 과학적 진리라고 성급하게 추인하는 것은 해당 문제와 관련된 사회정치적·윤리적 쟁점들을 가린 채 모든 과학 논쟁을—자본과 권력에게 패배하기 쉬운—진실게임으로 이끌 뿐이다.

4. 과학 논쟁에서 특정 주장에 손쉽게 진리값을 부여해서는 안 된다.

'용의자 X론'이 흔히 저지르는 실수 가운데 하나는 논쟁의 한쪽을 일찌감치 정치화하고 다른 한쪽에 진리의 횃불을 쥐어 주는 것이다.

정부와 시민 사이에 논쟁이 일어날 경우 당연히 전자의 정치적·과학적 권력이 훨씬 강력하고 그 권력을 동원하여 반대쪽의 정당한 주장을 묻어버릴 수 있기 때문에, 시민들의 목소리에 귀를 기울이는 것은 매우 중요하다. 실제로 시민 집단은 전통적인 분과 틀 내의 과학이나 규제과학이 포착하지 못하는 대안적인 지식 생산 방식과 경로를 갖고 있는 경우가 많다. AIDS 연구 분야에서 성소수자 활동가들이 임상시험 방식을 변화시키는 데 기여한 과정을 검토하면서 과학기술학자 스티븐 앱스틴이 시민들의 '비전문적 전문성lay expertise'을 이야기한 것은 바로 이런 맥락에서다. 국내에서도 1990년대 말부터 시흥시의 일반 시민들과 활동가들이 대기오염 측정기인 패시브 샘플러passive sampler를 활용해 몇 해에 걸쳐 축적한 시화호 관련 데이터는 해당 지역의 환경오염 거버넌스governance를 변화시키는 데 크게 기여했다.

하지만 시민 측의 모든 주장을 부동의 진리로 간주하는 태도는 문제를 해결하기보다 또 다른 문제를 낳는 방향으로 이어지기 쉽다. 우리는 시민과학이 더욱 발전할 수 있도록 토양을 만들고 기반을 조성해야 하지만, 그것이 가장 강한 객관성을 담보하고 있다는 결론으로 곧장 나아가는 것은 바람직하지 않다. 거듭 말하거니와 그런 태도는 문제를 단순한 '진실게임'으로 회귀시키며, 장시간에 걸쳐 탄탄하게 성장해 나가야 할 시민과학의 앞길을 오히려 차단할 수도 있기 때문이다.

시민과학의 토양을 쌓으려면 일단 '과학 = 순수하고 추상적인 진리'라는 해묵은 믿음에서 벗어나 현장에서 과학의 민낯을 제대로 살펴볼 필요가 있다. 이는 언던 사이언스의 관점에서 출발한 성찰적 이해가 우리 사회 전반에 확산되어야 할 주된 이유이기도 하다.

연극 한 편에 대한 소회로 글을 마치는 것이 좋을 것 같다. 3.11 후쿠시마 원전 사고를 주제로 한 연극 〈배수의 고도背水の孤島〉가 2014년 여름에 서울 두산아트센터에서 상연되었는데, 이 작품은 우리의 논의와 관련해 여러모로 시사하는 바가 많다.

후쿠시마 사태 때 쓰나미와 원전 사고를 경험했던 여주인공 유우는 도호쿠 의대에 진학하여 저선량 전리방사선 피폭이 건강에 끼치는 영향을 연구한다. 그리고 이 결과를 발표하려 하지만 피해 보상금 문제를 걱정하는 정치가에 의해 저지당한다. 이후 유우와 그의 남편, 그리고 남동생 타

요는 저선량 방사선 피폭에 관한 진실과 원전 건설의 대안을 알리기 위해 가짜 테러 협박까지 동원해 가며 필사의 노력을 펼친다. 과학적 진실을 밝히려는 유가와와 그를 억누르려는 정치세력 간의 대결이, '용의자 X론'의 낯익은 서사가 연극 무대 위에서 다시 한 번 재현된다.

유우를 포함한 우리의 유가와들은 오늘도 용의자를 찾기 위해 분주히 돌아다닐 것이다. 현대과학 연구에서의 명백한 인종 및 젠더 편견을 발견하고, 거대 자본과 정부의 결탁을 폭로하거나 어두운 커넥션을 추적하면서 범인을 찾는 방정식을 구하고 있을지 모른다. 덕분에 우리는 숨겨져 있던 음모와 부패들을 확인할 수 있을 것이다. 혹은, 촛불을 들고 거리로 나가 용의자를 규탄하며 광장의 민주주의를 구현할 수도 있을 것이다.(이는 그 자체로 정의로울 뿐 아니라 시민으로서 가슴 뛰는 일이기도 하다. 필자라고 다르겠는가?)

그러나 이러한 과정이 유가와들의 주장을 무조건 과학적 진리로 인정하는 것이어서는 곤란하다. 정치적 혹은 심정적 동조와 과학적 추인을 혼동한 채 쉽사리 누군가의 손을 들어 주기 전에, 과학지식 그 자체를 살펴보자. 그리고 거기에 덩이줄기처럼 얽혀 있는 정치와 사회, 문화와 역사를 보자. 환호를 보내거나 비난을 퍼붓기에 앞서, 무언가에 억눌려 있거나 가려져 있는 배제된 지식과 목소리들에 귀 기울여 보자.

사회 속에서 절대 다수인 평범한 우리들이 언던 사이언스의 눈으로 차분하게 과학 논쟁들을 분석하고 판단할 수 있을 때 후쿠시마와 고리에서, 도쿄와 서울에서, 대만과 한국의 법정에서 지금 대립의 극한에 서 있는 문제들을 풀어 낼 실마리가 보일 것이다.

⊙ 참고 문헌

이 책은 과학사와 과학사회학, 과학인류학, 그리고 과학철학을 포함한 과학기술학의 사례 연구들을 토대로 쓰였다. 인용한 글들을 가능한 한 전부 서술하려 했으나 일부 참고 자료들이 누락되었을 수도 있음을 밝힌다. 주요 참고 문헌들, 그리고 각 주제와 관련해 더 읽어 볼 만한 문헌들을 추천한다.

프롤로그

골린스키의 책은 구성주의적 과학사에 대한 아주 좋은 개괄이다. 서장에서 이 책과 대비되는 시각의 서적들로 언급한 『청부과학』(데이비드 마이클스 저, 이홍상 역, 이마고, 2009) 등은 서지사항에 포함하지 않았다. '수행되지 않은 과학undone science'의 개념에 대한 소개로는 아래 스캇 프릭켈Scott Frickel의 연구를 보라.

— Golinski, Jin. (2008), Making Natural Knowledge: Constructivism and The History Of Science, University of Chicago Press.

— Frickel, Scott, et al. (2010), "Undone Science: Social Movement Challenges to Dominant Scientific Practice", Science, Technology, and Human Values 35, pp.444-473.

— Hess, David (2009), "The Potentials and Limitations of Civil Society Research: Getting Undone Science Done", Sociological Inquiry 79, pp.306-327.

— Knorr-Cetina, Karin (1981), The Manufacture of Knowledge: An Essay on the Constructivist and Contextual Nature of Science, Oxford: Pergamon Press.

— Latour, Bruno, and Steve Woolgar (1986), Laboratory life: The Construction of Scientific Facts (2nd edition), Princeton: Princeton University Press.

— Shapin, Steven, and Simon Schaffer (1985), Leviathan and the Air-Pump, Princeton: Princeton University Press.

1장 젠더 차별의 과학사

이 장은 주로 라커Thomas Laquer, 러셋Cynthia Russet, 스털링Ann-Fausto Sterling, 우드슈룬Nelly Oudshroon의 연구들을 토대로 저술되었다. 여성 차별과 관련된 과학사 대중서로는 『두뇌는 평등하다』(론다 쉬빈저 저, 조성숙 역, 서해문집, 2007)를 살펴볼 수 있다.

— Banks, Emily (2002), "From Dogs' Testicles to Mares' Urine: the Origins and Contemporary Use of Hormonal Therapy for the Menopause", Feminist Review 72, pp.2-25.

— Fausto-Sterling, Anne (2000), Sexing the Body: Gender Politics and the Construction of Sexuality, New York: Basic Books.

— Hausman, Bernice (1999), "Ovaries to Estrogen : Sex Hormones and Chemical Femininity in the 20th Century", Journal of Medical Humanities 20, pp.165-176.

— Keller, Evelyn Fox (1995), "The Origin, History, and Politics of the Subject called 'Gender and Science'" in Sheila Jasanoff et al. eds. Handbook of Science and Technology Studies, pp.80-94, Thousand Oaks, CA: Sage.

— Laqueur, Thomas (1990), Making Sex: Body and Gender from the Greeks to Freud, Cambridge, MA: Harvard University Press, 1990.

— Oudshoorn, Nelly (1994), Beyond the Natural Body: An Archaeology of Sex Hormones, Lonon: Routledge.

— Russett, Cynthia (2009), Sexual Science: The Victorian Constuction of Womanhood, Cambridge, MA: Harvard University Press.

— Schiebinger, Londa (1993), "Why Mammals are Called Mammals: Gender Politics in Eighteenth-Century Natural History", American Historical Review 98, pp.382-411.

2장 인종 편향의 과학사

이 장은 주로 키박Michael Keebak과 사카노 토오루坂野徹에 의존하여 쓰였다. 이 주제와 관련해 더 살펴보고 싶은 사람들에게는 사카노 연구의 번역본을 추천한다. 일제강점기 일본제국의 의료 권력에 대한 연구들은 상당히 많이 축적되어 있는 상태로, 〈대한의사학회지〉(http://medhist.kams.or.kr/index_k.html)에서 검색 및 확인이 가능하다.

— 김옥주 (2008), "경성제대 의학부의 체질인류학 연구", 의사학 17권 2호, pp.191-203.

— 박진빈 (2003), "만국박람회에 표현된 미국과 타자, 1876-1904", 미국사 연구 18권, pp.133-157.

— 사카노 토오루 저, 박호원 역 (2013), 제국 일본과 인류학자: 1884-1952, 민속원.
— 정준영 (2012), "피의 인종주의와 식민지 의학 : 경성제대 법의학교실의 혈액형인류학", 의사학 21권 3호, pp.513-550.
— 홍양희 (2013), "식민지 시기 '의학' '지식'과 조선의 '전통' : 쿠도(工藤武城)의 "婦人科學"적 지식을 중심으로", 의사학 22, pp.579-616.
— 愼蒼健 (2010), 「植民地衛生學に包攝されない朝鮮人: 1930年代朝鮮社會の'謎'から」, 坂野徹, 愼蒼健 編, 『帝国の視角/死角—"昭和期"日本の知とメディア』, (青弓社, 2010), pp.17-52.
— Keevak, Michael (2011), Becoming Yellow: A Short History of Racial Thinking, Princeton, NJ: Princeton University Press.
— Pai, Hyung-Il (2000), Constructing Korean' Origins: A Critical Review of Archaeology, Historiography and Racial Myth in Korean State-Formation Theories, Cambridge, MA: Harvard University Press.

3장 정치적 왜곡의 과학사

이 장은 주로 프록터Robert Procter의 작업에 의지해 쓰였다. 관련 한국어 개설서로는 김호연의 책이 좋다. 워낙 유명한 주제로, 끊임없이 새로운 관련 연구들이 출판되고 있는 중이다.

— 김호연 (2009), 우생학, 유전자 정치의 역사: 영국, 미국, 독일을 중심으로, 아침이슬.
— Biesold, Horst (1999), Crying Hands: Eugenics and Deaf People in Nazi Germany, Gallaudet University Press.
— Disability Rights Advocates (1999), Forgotten Crimes: The Holocaust and People with Disabilities; a Report.
— Friedlander, Henry (1997), Origins of Nazi Genocide: From Euthanasia to the Final Solution, Chapel-Hill: University of North Carolina Press.
— Gallagher, Hugh (2001), "What the Nazi' Euthanasia Program can Tell Us about Disability Oppression", Journal of Disability Policy Studies 12, pp.96-99.
— Mostert, Mark (2002), "Useless Eaters Disability as Genocidal Marker in Nazi Germany", The Journal of Special Education 36, pp.157-170.
— Proctor, Robert (1988), Racial Hygiene: Medicine under the Nazis, Cambridge, MA: Harvard University Press, 1988.
— Ryan, Donna, and John S. Schuchman eds. (2002), Deaf People in Hitler's Europe,

Gallaudet University Press,.
— Weingart, Peter (1987), "The Rationalization of Sexual Behavior: The Institutionalization of Eugenic Thought in Germany", Journal of the History of Biology 20, pp.159-193.

4장 유방암 연구와 여성건강운동

이 장은 클라위터Maren Klawiter의 연구에 기초해 쓰였다. 그녀는 '질병의 프레이밍framing of disease' 개념과 생명정치biopolitics, 그리고 생의료화biomedicalization 논의들을 적절히 조합하여 흥미로운 이론적 틀을 만들었을 뿐만 아니라 충실한 사례 연구를 수행했다.

— 남석진 (2009), "유방암의 검진 및 진단", Journal of Korean Medical Association 52, pp.946-951.
— Brown, Phil, et al. (2006), ""A Lab of Our Own": Environmental Causation of Breast Cancer and Challenges to the Dominant Epidemiological Paradigm", Science, Technology and Human Values 31, pp.499-536.
— Gold, Barron and Lerner Angelica Berrie (2001), The Breast Cancer Wars: Hope, Fear, and the Pursuit of a Cure in Twentieth-Century America, Oxford: Oxford University Press.
— Klawiter, Maren (2008), The Biopolitics of Breast Cancer: Changing Cultures of Disease and Activism, Minneapolis: University of Minneapolis Press.
— Ley, Barbara (2009), From Pink to Green: Disease Prevention and the Environmental Breast Cancer Movement, New York: Rutgers University Press, 2009.
— Zavestoski, Stephen, Sabrina McCormick, and Phil Brown (2004), "Gender, Embodiment, and Disease: Environmental Breast Cancer Activists' Challenges to Science, the Biomedical Model, and Policy", Science as Culture 13, pp.563-586.

5장 현대 생명과학 연구에서의 인종

이 장은 과학철학회지에 실린 필자의 논문 "유전체학, 새로운 '인종'과학, 그리고 과학학의 대응"의 일부를 발췌해서 정리한 것이다. 현대 생명과학, 특히 유전체학과 관련한 인종 범주의 사용에 대한 분석들을 두고 이뤄진 과학철학과 과학기술학 분야의 학술적 논쟁을 검토하기 위해서는 위의 논문을 참고할 수 있다. 영어로 된 개괄로는 아래의 문헌들을 보라.

— 현재환 (2014), "유전체학, 새로운 '인종'과학, 그리고 과학학의 대응", 과학철학 17권 2호.

— Bliss, Catherine (2012), Race Decoded: The Genomic Fight For Social Justice, Stanford, CA: Stanford University Press.

— Epstein, Steven (2007), Inclusion: The Politics of Difference in Medical Research, Chicago: The University of Chicago Press.

— Fujimura, John, Troy Duster and Ramya Rajogopalan (2008), "Introduction: Race, Genetics, and Disease: Questions of Evidence, Matters of Consequence", Social Studies of Science 38, pp.643-656.

— Reardon, Jenny (2001), "The Human Genome Diversity Project: A Case Study in Coproduction", Social Studies of Science 31, pp.357-388.

— Reardon, Jenny (2005), Race to the Finish: Identity and Governance in an Age of Genomics, Princeton: Princeton University Press.

— Sankar, Pamela (2010), "Forensic DNA Phenotyping: Reinforcing Race in Law Enforcement", in Whitmarsh, I. and Jones D.S. eds., What's the Use of Race?: Modern Governance and the Biology of Difference, pp.49-62, Cambridge, MA: The MIT Press.

— Schwartz, Richard (2001), "Racial Profiling in Medical Research", The New England Journal of Medicine 344, pp.1392-1393.

— Stepan, Nancy L. (2003), "Science and Race: Before and After the Genome Project", Social Register 39, pp.329-349.

— Whitmarsh, Ian and David S. Jones eds. (2010), What's the Use of Race?: Modern Governance and the Biology of Difference, Cambridge, MA: The MIT Press.

6장 임상시험과 소외질병 연구

임상시험의 규제와 관련해 절차적 정당성을 강조하는 생명윤리학이 지닌 맹점들을 지적하는 연구가 지난 20여 년간 의료사회학과 의료인류학, 그리고 생명윤리학 내부에서 수없이 이뤄졌다.

— Abraham, John (2010), "The Sociological Concomitants of the Pharmaceutical Industry and Medications", in Bird, Cloe et al. eds., Handbook of Medical Sociology, pp.290-308,

Vanderbilt: Vanderbilt University Press.
— Abraham John and Tim Reed (2002), "Progress, Innovation and Regulatory Science in Drug Development: The Politics of International Standard-Setting", Social Studies of Science 32, pp.337-369.
— Benatar, Solomon, and Gillian Brock, eds. (2011), Global Health and Global Health Ethics, Cambridge: Cambridge University Press.
— Broadbent, Alex (2011), "Defining Neglected Disease", BioSocieties 6, pp.51-70.
— Farmer, Paul and Nicole Gastineau Campos (2004), "New Malaise: Bioethics and Human Rights in the Global Era", Journal of Law and Medical Ethics 32, pp.243-251.
— Fisher, Jill A. (2007), "Coming Soon to a Physician Near You: Medical Neoliberalism and Pharmaceutical Clinical Trials", Harvard Health Policy Review 8, pp.61-70.
— Fisher, Jill A. (2009), Medical Research for Hire: The Political Economy of Pharmaceutical Clinical Trials, New York: Rutgers University Press.
— Institute of Medicine (US) Committee on the US Commitment to Global Health (2009), The US Commitment to Global Health: Recommendations for the Public and Private Sectors, US National Academies Press.
— Kelly, Ann H., and Uli Beisel (2011), "Neglected Malarias: The Frontlines and Back Alleys of Global Health", BioSocieties 6, pp.71-87.
— Petryna, Adriana (2002), Life Exposed: Biological Citizens after Chernobyl, Princeton, NJ: Princeton University Press.
— Rajan, Kaushik Sunder (2006), Biocapital: The Constitution of Postgenomic Life, Duke University Press.

7장 영국 구제역 사태에서의 살처분 정책과 환원적 과학

우즈Abilgale Woods는 구제역과 관련된 영국 농업정책의 역사를 꾸준히 탐구해 온 학자로, 그녀의 글은 좋은 개괄이다. 이외에도 과학기술학자 로John Law와 데이비슨Donald Davidson이 오랫동안 구제역에 대해 관심을 가지고 다양한 논문을 써 왔다. 한국의 구제역 사태의 경우 조아라의 2013년 박사학위 논문을 참고할 수 있다.

— 김동광 (2011), "우리에게 구제역은 무엇인가?: 국가 주도의 살처분 정책과 그 함의", 민주사회와 정책연구 20, pp.13-40.

— 조아라 (2013), 한국 구제역 사태의 전개과정에 관한 연구 : 불확실성 논쟁의 구조와 메커니즘을 중심으로 (고려대학교 이학박사 학위논문)
— Bickerstaff, Karen, and Peter Simmons (2004), "The Right Tool for the Job?: Modeling, Spatial Relationships, and Styles of Scientific Practice in the UK Foot and Mouth Crisis", Environment and Planning D 22, pp.393-412.
— Christley, Robert M., et al. (2013), ""Wrong, but Useful": Negotiating Uncertainty in Infectious Disease Modelling", PloS one 8, e76277.
— Donaldson, Andrew, Philip Lowe, and Neil Ward (2002), "Virus-Crisis-Institutional Change: the Foot and Mouth Actor Network and the Governance of Rural Affairs in the UK", Sociologia Ruralis 42, pp.201-214.
— Law, John (2008), "Culling, Catastrophe and Collectivity", Distinktion: Scandinavian Journal of Social Theory 9, pp.61-76.
— Law, John, and Ingunn Moser (2012), "Contexts and Culling", Science, Technology and Human Values 37, pp.332-354.
— Woods, Abigail (2004), A Manufactured Plague: The History of Foot-and-Mouth Disease in Britain. Earthscan.

8장 광우병과 락토파민 논쟁

이 장은 경희대학교 대학원보(2013.4.1) 과학학술란에 게재한 필자의 "규제과학Regulatory Science"을 개작한 것이다. 단편 논문으로는 하대청(2013)을 추천한다. 하대청의 박사논문은 광우병에 대해 면밀히 살펴본 매우 중요한 연구이며, 곧 단행본으로 출간될 예정이다.

— 박경진 (2009), "1998~2008 발생한 식품안전관련 사건·사고 분석," 식품위생안전학회지 24, pp.162-168.
— 하대청 (2013), "지구적 생명정치와 위험의 개인화: OIE의 BSE 위험 관리를 중심으로", 경제와사회 97, pp.65-96.
— 하대청 (2012), 위험의 지구화, 지구화의 위험: 한국의 '광우병' 논쟁연구, (서울대학교 과학사 및 과학철학 협동과정 박사학위논문
— Bei-Chang, Yang (2012), "To Believe or Not to Believe in Biosafety Risk Assessment: the Ractopamine Case", (The 10th East Asian STS Conference at SNU, South Korea, 2012.9.8)
— Bottemiller, Helena, "Codex Adopts Ractopamine Limits for Beef and Pork" (Food Safety

News, 2012.7.6)?
— Jasanoff, Sheila (1987), "Contested Boundaries in Policy-Relevant Science", Social Studies of Science 17, pp.195-230.
— Jasanoff, Sheila (1995), "Procedual Choices in Regulatory Science", Technology in Society 17, pp.279-293.
— Jasanoff, Sheila (2005), Designs on Nature: Science and Democracy in Europe and the United States, Princeton, NJ: Princeton University Press.
— Irwin, Alan et al. (1997), "Regulatory Science-Towards a Sociological Framework", Futures 29, pp.17-31.
— Shackley, Simon and Brian Wynne (1995), "Global Climate Change: The Mutual Constructionof an Emergent Science-Policy domain", Scienceand Public Policy 22, pp.218-230.
— Weinberg, Alvin (1972), "Science and Trans-Science", Minerva 10, pp.209-222.
— Winickoff, David E. and Douglas M. Bushey (2010), "Science and Power in Global Food Regulation: The Rise of the Codex Alimentarius", Science, Technology and Human Values 35, pp.356-381.

9장 대만 RCA 투쟁과 삼성백혈병 투쟁

이 장의 기획은 2011년 국제 동아시아과학기술학회지에 실린 첸신싱의 RCA 투쟁에 대한 필드 리포트를 읽고 시작되었다. 사실 RCA에 관한 대부분의 문헌들이 중문中文이어서 중국어에 문외한인 필자가 접근하기 어렵다. 삼성반도체 백혈병 투쟁을 이끌고 있는 〈반올림〉의 활동가들이 RCA 투쟁 관련 이야기를 담고 있는 책을 번역했는데, 이 책은 반도체 관련 산재 문제와 산재과학의 편향성을 이해하는 데 좋은 안내서가 된다. 삼성반도체 백혈병 투쟁을 둘러싼 문제에 대한 과학기술학적 분석은 김종영·김희윤(2013)의 훌륭한 연구를 참고하면 된다.

— "대만의 전자산업 환경문제 연구자이자 활동가, 웬링 투를 만나다" (노동건강연대, 2011년 겨울호)
— 공유정옥 (2012), "첨단전자산업 노동자 업무상 질병 특성과 쟁점" (제45회 산업안전보건강조주간 대한직업환경의학회 주관 세미나)
— 김종영.김희윤 (2013). "'삼성백혈병' 의 지식정치", 한국사회학 47. pp.267~318

— 이영희 (2012). "전문성의 정치와 사회운동", 경제와사회 93, pp.13~41.
— 테드 스미스 외 저, 공유정옥 외 역 (2009), 세계전자산업의 노동권과 환경정의, 메이데이.
— 하라다 마사즈미 저, 김병호 역 (2006), 미나마타병: 끝나지 않은 아픔, 한울아카데미.
— Brown, Phil (1997), "Popular Epidemiology Revisited", Current Sociology 45, pp.137-156.
— Chen, Hsin-Hsing (2011), "Field Report: Professionals, Students, and Activists in Taiwan Mobilize for an Unprecedented Collective-Action Lawsuit against a Former Top American Electronics Company", East Asian Science, Technology and Society, 5, pp.555-565.
— Chiu, Hua-Mei (2011), "The Dark Side of Silicon Island: High-Tech Pollution and the Environmental Movement in Taiwan", Capitalism Nature Socialism 22, pp.40-57.
— Jobin, Paul, and Tseng Yu-Hwei (2014), "Guinea Pigs Go to Court: Epidemiology and Class Actions in Taiwan" in Soraya Boudia and Nathalie Jas eds. Powerless Science?: Science and Politics in a Toxic World, Oxford: Berghan Books.
— Jobin, Paul (2010), "Beyond Uncertainty: Industrial Hazards and Class Actions in Taiwan and Japan", Governance 35, pp.771-782.
— Jobin, Paul (2010), "Hazards and Protest in the 'Green Silicon Island': The Struggle for Visibility of Industrial Hazards in Contemporary Taiwan", China Perspectives (2010/3), URL : http://chinaperspectives.revues.org/5302.

10장 일본에서의 저선량 전리방사선 논쟁

3.11 사태와 저선량 전리방사선의 위험 문제는 많은 연구자들이 관심을 갖고 있는 주제이나 아직 밀도 있는 단행본이나 논문들이 출간되진 않은 상황이다. 이 글은 동아시아에서 일어나는 노동 문제와 과학 간의 관계를 탐구하는 조빈Paul Jobin의 연구를 토대로 쓰였으며, 일부 내용은 필자가 네이버캐스트 '오늘의 과학'에 기고한 "과학 논쟁"(2012. 9. 10)에서 가져왔다. 과학기술학자들이 실시간 학제간 협업을 꾀하기 위해 만든 An STS forum on Fukushima (http://fukushimaforum.wordpress.com)는 이와 관련한 사회과학적 지식 생산의 주요한 거점이다.

— 도경현 (2011), "저선량 방사선이 인체에 미치는 영향", Journal of Korean Medical Association 54, pp.1253-1261.
— 박진희 (2014), "원자로의 정치경제학과 안전", Journal of Engineering Education Research 15, pp.45-52.

— 이필렬 (2011), "후쿠시마 원전 사고의 성격과 한국 원자력발전의 위험", 민주사회와 정책연구 20, pp.71-93.

— ジョビン,ポル と 山崎精一 (2013), "3.11 事故以降の放射線防護 (特集 原発と社會運動/勞動運動)", 大原社會問題硏究所雜誌 658, pp.14-30.

— Aldrich, Daniel (2013), "New Data and Analysis on Recovery in Towns, Villages, and Cities in the Tohoku Region", (Forum on the 2011 Fukushima East Japan Disaster. 2013).

— Boudia, Soraya (2007), "Global Regulation: Controlling and Accepting Radioactivity Risks", History and Technology 23, pp.389-406.

— Fujii, Hirofumi, et al. (2013), "Increased Radiation Dose Issues in Tokatsu Area in Chiba Prefecture, Japan: How the Situation and Measures were Explained to the Local Residents", Radiation Emergency Medicine 2, pp.76-81.

— Kathren, Ronald L. (1996), "Pathway to a Paradigm: The Linear Nonthreshold Dose-Response Model in Historical Context", Health Physics 70, pp.621-635.

— Kinsella, William J (2013), "Negotiating Nuclear Safety: Responses to the Fukushima Disaster by the US Nuclear Community", (Forum on the 2011 Fukushima East Japan Disaster. 2013)

— Perin, Constance (1998), "Operating as Experimenting: Synthesizing Engineering and Scientific Values in Nuclear Power Production", Science, Technology and Human Values 23, pp.98-128.

— Semendeferi, Ioanna (2008), "Legitimating a Nuclear Critic: John Gofman, Radiation Safety, and Cancer Risks", Historical Studies of Natural Science 38, pp.259-301.

— Shineha, Ryuma, and Mikihito Tanaka (2013), "Variety of Gaps: The Case of the 3.11 Japanese Triple Disasters", (Forum on the 2011 Fukushima East Japan Disaster. 2013)

— Ylönen, Marja (2013), "Post-Fukushima: Signaled And Silenced Aspects Of Nuclear Safety Regulation", (Forum on the 2011 Fukushima East Japan Disaster. 2013)

— World Health Organization (2012), "Preliminary Dose Estimation from the Nuclear Accident After the 2011 Great East Japan Earthquake and Tsunami".

— World Health Organization (2013), "Health Risk Assessment from the Nuclear Accident After the 2011 Great East Japan Earthquake and Tsunami, Based on a Preliminary Dose Estimation".

— Epstein, Steven (1995), "The Construction of Lay Expertise: AIDS Activism and the Forging of Credibility in the Reform of Clinical Trials", Science, Technology and Human Values 20, pp.408-437.

— Bloor, David (1991), Knowledge and Social Imagery, Chicago: University of Chicago Press.

— Haraway, Donna (1988), "Situated Knowledges: The Science Question in Feminism and the Privilege of Partial Perspective", Feminist Studies, pp.575-599.

— Hess, David (2009), "The Potentials and Limitations of Civil Society Research: Getting Undone Science Done", Sociological Inquiry 79, pp.306-327.

— Irwin, Alan (1995), Citizen Science: a Study of People, Expertise, and Sustainable Development, London: Psychology Press.